变频电量测试与计量技术

徐伟专　等编著

国防工業出版社

·北京·

内 容 简 介

本书包括变频电量测试基础知识、变频电量测试技术以及变频电量计量技术三部分内容。第一部分介绍变频电量概念及变频电量测量仪器的现状;第二部分介绍电压测量技术与应用、电流测量技术与应用、功率测量技术与应用、微电阻测量技术与应用、电动汽车驱动电机系统效率测试;第三部分介绍变频电量计量技术。

本书可供从事变频技术、变频电量测试与计量技术等领域的研发、测试、生产和营销等相关人员,以及变频节能项目工作人员、客户等阅读使用。

图书在版编目(CIP)数据

变频电量测试与计量技术 / 徐伟专等编著. — 北京:国防工业出版社, 2020. 12

ISBN 978 - 7 - 118 - 12214 - 5

Ⅰ. ①变… Ⅱ. ①徐… Ⅲ. ①变频电源 - 电量测量 - 研究②变频电源 - 电学计量 - 研究 Ⅳ. ①TM933 ②TB971

中国版本图书馆 CIP 数据核字(2020)第 256257 号

※

国防工业出版社出版发行

(北京市海淀区紫竹院南路 23 号　邮政编码 100048)

北京虎彩文化传播有限公司印刷

新华书店经售

*

开本 710 × 1000　1/16　**印张** 7¼　**字数** 123 千字

2020 年 12 月第 1 版第 1 次印刷　**印数** 1—1500 册　**定价** 32.00 元

国防书店:(010)88540777　书店传真:(010)88540776

发行业务:(010)88540717　发行传真:(010)88540762

序

变频技术越来越多地应用于社会经济的各个方面。在变频产品的设计、生产、检验和使用等各个环节中，都涉及变频电量的测量，这种测量主要是为了保证或提高产品质量或为了控制生产而监视过程中的参数。随着电机、电气传动、电力电子、轨道交通、新能源、电动汽车、船舶等变频产业的不断发展，变频电量测试及其溯源的需求在不断提高。

与通常新兴技术的发展历程类似，在变频电量测试技术发展之初，国内外的市场上相关的测量仪器比较少，量值溯源的需求难以获得满足。在此情况下，以本书作者为主的技术骨干，解决了一系列技术难题，研发了变频电量的测量仪器，包括能提供一定稳定度测量信号的信号源，也包括具有相当准确度的测量仪表，初步满足了该领域测量提出的要求。特别针对高电压、大电流的变频领域，研发了相应的产品。

本书从变频电量的概念出发，论述了变频电量的特点及其测量方法；介绍了相应电压、电流、功率的测量原理及其采用的具体技术；讨论了这些仪器的应用，特别是使用这些仪器在测量微电阻、电动汽车驱动器及电机效率等方面的应用；最后阐述了量值的溯源问题。本书是作者长期相关工作的总结，书中的内容对从事变频技术的工程技术人员、质量检验人员有重要的参考价值。

一种新的测量仪器往往有其自身的特点，例如本书所涉及的仪器，具有较宽的电压电流量程和频率范围，被测量也超出普通正弦波的限制。不过，在这种宽广的范围内一定有着一些部分能被现有的社会公用计量标准所覆盖。一般而言，这些社会公用计量标准具有更高的准确度。在这些部分中，新的测量仪器应该向这些社会公用计量标准溯源；在其他不覆盖的部分，一般是通过所采用的测量方法保证所测较大范围内指标的连续性，另外就是严格的不确定度分析评估和实验验证。这些都是本书作者曾经经历的。此外，这些工作也为后续的社会公用计量的进一步研究奠定了基础。

随着我国制造业的发展和科学技术的进步，更多的测量要求会涌现。社会公用计量技术基础与测量仪器制造行业承担着不同的任务，但是两者之间的互动非常重要。本书所涉及的工作就是近年来这种互动的典型例子。借此机会,祝贺作者及其所在单位的开创性工作,并祝愿他们今后不断取得新的成就。

中国计量科学研究院　陆祖良

2019年12月

前　　言

随着全世界能源危机的不断加剧，节能技术研究已成为现代社会共同关注的热点。变频电量测试与计量技术是新兴的测试计量技术，也是目前最受关注的变频节能技术的评定手段。

变频电量包括非正弦交流电量和非工频正弦交流电量。变频电量通常由变频器、整流器、开关电源等直接产生，用于传递电能量，具有波形复杂、非低基频、低功率因数、富含基波、电压高、电流大等特征，并且对变频电量的测量往往在复杂电磁环境下完成，使得准确测量和量值溯源十分困难。湖南银河电气有限公司多年来一直致力于推动变频电量测试技术的发展，对变频电量的内涵、测量原理与方法、测量仪器开发等方面进行了深入研究，已研制出系列变频电量测试产品，在多个行业领域得到了广泛应用，并突破了我国在变频功率测量技术方面的瓶颈问题。我们将这些研究成果和有关资料编著成书，希望为行业内的从业人员提供一些有价值的参考，为科研单位和高校提供必要的知识积累，以助推我国变频技术的发展。

2019 年我们已编著出版了《变频电量测试与计量技术 500 问》，本书在其基础上进一步深入，更加注重内容的系统性、新颖性、先进性，不仅有基本测量原理的阐述，还有相关技术的应用，反映了变频电量测试与计量技术的最新成果。

本书第七章的编写得到国家变频电量仪器计量站吴双双总工程师的大力帮助，在此表示衷心的感谢。特别感谢中国计量科学研究院陆祖良首席研究员给予的支持与肯定！

本书编写过程中，作者查阅和参考了有关的论著文献，在此向原文作者表示诚挚的感谢。

限于作者学识不足、水平有限，书中错误、不妥之处敬请同行、读者批评斧正。

徐伟专

2019 年 10 月

目　　录

第一章　绪论

随着变频技术在现代科学技术、国防军工以及工农业生产中的应用日益广泛，迫切需要大量测试工程师、质检人员和其他技术人员，在对变频技术领域相关电学量开展测试与测量的质量评价时，能够采用合理可行的测试方法、专业的测量仪器设备以及正确的溯源途径。

变频电量测量与计量技术是最近兴起的测试计量技术，也是目前最为关注的变频节能技术的评定手段。对变频技术领域电学量的测试与计量，需要运用电气工程和计量科学等相关理论和方法。具体讲，是利用电工学、电子学、信息论以及物理学的理论和方法，来分析、测量和处理电功率传输或变换过程中出现的周期非正弦电学量的特点与相关性，为变频电气设备的设计、生产、运行以及性能指标的评价提供科学有效的技术手段。

本章首先给出变频电量的概念以及含变频电量的电路中相关电学量的计算方法，接着对典型变频器的输入输出波形特性及频谱进行分析，然后介绍典型变频电量测量仪器的结构、工作原理与主要特点，最后简单介绍变频电量测试与计量领域相关仪器的发展现状及其应用。

第一节　变频电量的概念及其相关电学量的计算

一、变频电量的概念

电量一词单独使用时，一般表示物体所带电荷的数量。本书中所提的电量是电参量的简称，如交流电量、直流电量等。交流电量指交流电的相关参量：电压、电流、频率、相角、有功功率、无功功率、有功电能量（也称有功电量）、无功电能量（也称无功电量）等。交流电量包括正弦交流电量和非正弦交流电量。正弦交流电量根据频率不同可分为工频正弦交流电量和非工频正弦交流电量。非正弦交流电量和非工频正弦交流电量又称变频电量。

根据 DB43/T 879.2—2014《变频电量测量仪器 分析仪》对变频电量的定义，变频电量是指满足下述条件之一，并以传输功率为目的的交流电量：①信号频谱仅包含一种频率成分，而频率不局限于工频的交流电信号；②信号频谱包含两种及以上被关注频率成分的电信号[1]。变频电量包括电压、电流以及电压电流引出的有功功率、无功功率、视在功率等。

工频电量具有显著的规律,可以用简单的正弦或余弦函数表达,并且由于频率单一固定,测量或记录都非常简单、方便。变频电量除了具备周期性之外,没有明显的规律可循。根据傅里叶变换原理,非正弦的周期信号可以分解为不同幅值、频率、相位的正弦信号的线性组合,并且这些正弦波的频率均为信号频率(基波频率)的整数倍。这样,我们可以用系列幅值、频率、相位的量化数值来表征任意复杂的周期信号。从信号处理的角度看,任意非正弦周期电量的完整分析,目前主要处理手段都是基于傅里叶变换。

简单来说,变频电量具备以下特点[2]:

(1) 变频电量包含丰富信息,占据较宽的频带;

(2) 变频电量用于传递电能量,电压高,电流大;

(3) 变频电量通常由变频器、整流器、开关电源直接产生或引起;

(4) 变频电量的测量行为往往在复杂电磁环境下完成。

二、含变频电量的电路中相关电学量的计算

1. 正弦电路中电学量的计算[3]

在正弦电路中,负载是线性的,电路中的电压和电流都是正弦波。设电压和电流可分别表示为

$$u = \sqrt{2}U\sin \omega t$$

$$i = \sqrt{2}I\sin(\omega t - \varphi) \tag{1.1}$$

式中:U 为电压有效值;I 为电流有效值;ω 为角频率;φ 为电流滞后电压的相位角。

电路的有功功率 P 就是其平均功率,即

$$P = UI\cos \varphi \tag{1.2}$$

电路的无功功率 Q 定义为

$$Q = UI\sin \varphi \tag{1.3}$$

视在功率 S 为电压、电流有效值的乘积,即

$$S = UI \tag{1.4}$$

此时,无功功率 Q、有功功率 P 与视在功率 S 之间有如下关系:

$$S^2 = U^2 + I^2 \tag{1.5}$$

功率因数 λ 定义为有功功率 P 和视在功率 S 的比值,即

$$\lambda = \frac{P}{S} \tag{1.6}$$

在正弦电路中，功率因数是由电压和电流的相位差决定的，其值为

$$\lambda = \cos \varphi \tag{1.7}$$

2. 非正弦电路中电学量的计算[4-5]

在含有谐波的非正弦电路中，有功功率、视在功率和功率因数的定义均和正弦电路相同，有功功率仍为瞬时功率在一个周期内的平均值，视在功率、功率因数仍分别由式(1.4)和式(1.6)来定义，这几个量的物理意义也没有变化。

对非正弦电路中的电压、电流分别做傅里叶级数分解，求取基波和各次谐波有效值 U_n、I_n($n=1,2,\cdots$)，$n=0$ 时，即为直流分量；$n=1$ 时，即为基波分量。则电压和电流的有效值分别为

$$\begin{cases} U = \sqrt{\sum_{n=0}^{\infty} U_n^2} \\ I = \sqrt{\sum_{n=0}^{\infty} I_n^2} \end{cases} \tag{1.8}$$

有功功率 P 为

$$P = \sum_{n=0}^{\infty} U_n I_n \cos \varphi_n \tag{1.9}$$

视在功率 S 为

$$S = UI = \sqrt{\sum_{n=0}^{\infty} U_n^2} \sqrt{\sum_{n=0}^{\infty} I_n^2} \tag{1.10}$$

含有谐波的非正弦电路的无功功率情况比较复杂，定义很多，但至今尚无被广泛接受的科学而权威的定义。一种仿照式(1.3)的定义为

$$Q_{\mathrm{f}} = \sum_{n=0}^{\infty} U_n I_n \sin \varphi_n \tag{1.11}$$

这里 Q_{f} 可看作正弦波情况下定义的自然延伸，因而被广泛采用。注意，在非正弦情况下，$S^2 \neq P^2 + Q_{\mathrm{f}}^2$。

第二节　典型变频器输入输出波形特性及频谱分析

一、变频器基础

变频器是可以实现工频电源到各种频率交流电源转换的仪器。随着科学技术的进步，尤其是电力电子技术的迅速发展，交流电动机的变频调速技术已经日趋成熟，因为具有高效率、宽范围和高精度等特点，变频调速正逐步取代传统的调压调速和串极调速方式。

按照主电路工作方式分类,变频器可以分为电压型变频器和电流型变频器;按照开关方式分类,可以分为脉冲幅度调制(Pulse Amplitude Modulation,PAM)控制变频器、脉冲宽度调制(Pulse Width Modulation,PWM)控制变频器;按照工作原理分类,可以分为 V、f 控制变频器、转差频率控制变频器和矢量控制变频器等;按照用途分类,可以分为通用变频器、高性能专用变频器、高频变频器、单相变频器和三相变频器等[6]。

国内大多使用的是将交流电转换成直流电,然后再把直流电转换成频率可调的交流电结构的变频器,它具有效率高、应用范围广、调速范围大、特性硬和精度高等特点,其结构如图 1.1 所示。图中,控制电路完成对主电路的控制,整流电路将交流电变换成直流电;直流中间电路对整流电路的输出进行平滑滤波、储能和缓冲无功功率;逆变电路为将直流电再逆转成交流电。

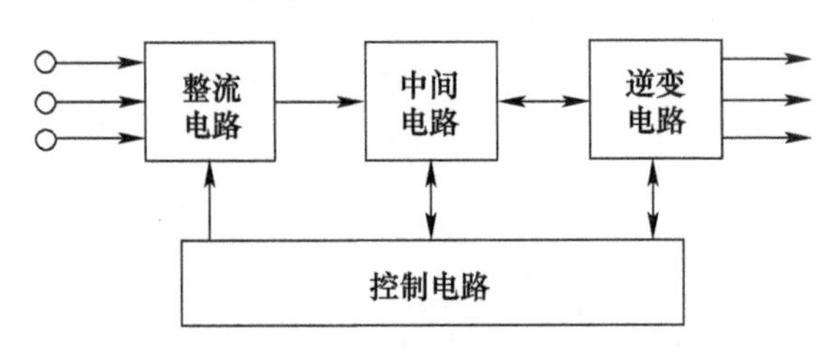

图 1.1 变频器的结构框图

图 1.1 中的逆变电路是用来实现对电压、频率调节的部件,又称为逆变器。变频器的输出波形是由逆变器产生的,它可以把整流电路和中间电路输出的直流电逆变为电压和频率可调的变频电压交流电,然后提供给调速电动机使用。

与 PAM 变频器相比,PWM 变频器简化了主电路,降低了生产成本;产生的谐波含量较小,转矩脉动小,扩展了电动机调速范围;采用不可控整流的方式,电网功率因数接近 1,有效地节约了能源;逆变器可同时方便地进行调压和变频;随着开关器件的不断发展、开关器件开关频率的提高,使得 PWM 逆变器可实现快速电流控制等优点[4,6]。

正弦脉宽调制(Sine Pulse Width Modulation,SPWM)波是 PWM 波的一种,指的是以正弦波作为调制波的脉宽调制波。目前,变频器逆变器中的逆变桥多数采用 SPWM 调制方式,输出波形是按照每一区间面积相等的原则,等效于正弦波的一系列幅度相同、宽度不同的矩形脉冲波形。这些矩形脉冲可以等效为一个正弦波,载波频率越高,等效效果越好。但是过度提高载波频率也会产生不好的效果,载波频率增高,功率损耗增大,功率模块发热增加,尤其是对逆变器,其开关损耗最为显著,并且对电动机绝缘影响较大。在实际使用中要合理选择变频器的载波频率。但是不管采用何种调制方式,由于其输出是矩形脉冲波形,仍然含有较大的谐波成分,影响了交流调速的品质,增加了不必要的电能损失。

这些 SPWM 波形电压和电流中,既含有按照调速要求输出的低频基波分量,又含有开关引起的很多高次谐波分量,这些高次谐波不仅对负载产生直接干扰或通过电缆向空间辐射,而且会通过空气传播或电磁耦合到各种电气设备上,对电磁兼容要求高的各种电气设备产生很大的影响。除此之外,变频器在实际工作中偏离理想条件时产生的非特征谐波,由于谐波的累积和叠加效应,会加重导线的涡流现象,同时,变压器的铜损和铁损也会使电能损耗大为增加。

由于变频装置所产生的谐波频段很宽,产生谐振的机会大为增加,谐振产生的过电压、过电流容易造成变频装置的各种模块击穿,也容易烧毁各种电容器组。变频装置产生的谐波会导致电动机转子产生脉冲转矩,也将使电动机的转轴产生扭曲振动,使设备疲劳过度而提前损坏。这些谐波能量的产生不利于变频器调速技术推广的开展[7]。因此,对变频器输出参数中的谐波成分进行分析并加以控制和减少,也成为我国变频器领域科研工作者的一个重要课题。

二、SPWM 型变频器输入输出波形特性

随着变频调速技术的发展,变频器已经在各行各业中得到广泛的应用。通用 SPWM 型变频器的网侧输入电压波形基本上是正弦波,但输入电流是脉冲式的充电电流,含有丰富的谐波,如图 1.2 所示;变频器输出电压波形是正弦调制的 SPWM 波形,如图 1.3 所示。由此可知,通用变频器的电压和电流含有大量的谐波和畸变量。由于电动机为感性负载,变频器输出电流波形为低频近似正弦波,接近调制波形。

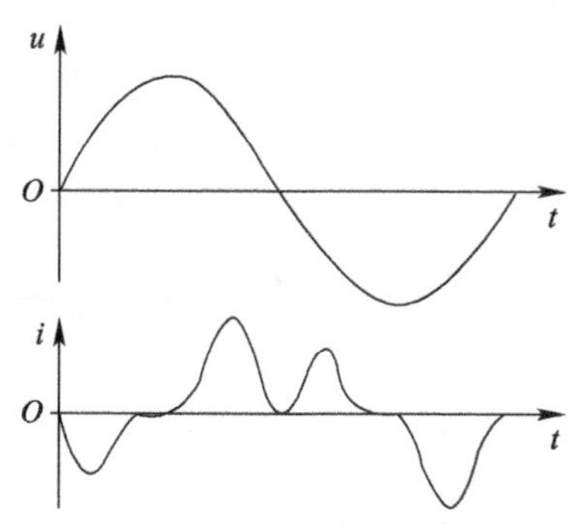

图 1.2　变频器输入电压和电流波形

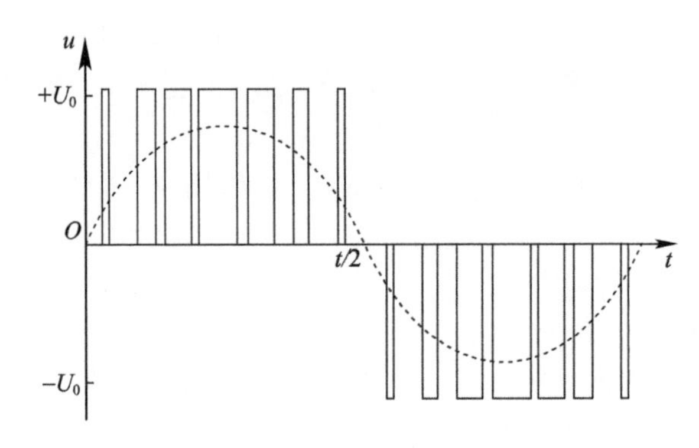

图 1.3 典型的逆变器输出电压波形

三、变频器输入侧谐波电流分析

变频器输入电流的谐波含量由于只是整流部分非线性造成的，并且变频器的输入输出为三个幅值相等、相位相差120°的波形，根据谐波分析理论，不存在3的整数倍(3、6、9、12、…)谐波以及偶次(2、4、6、8、…)谐波，所以一般只是5次(250Hz)谐波、7次(350Hz)谐波、11次(550Hz)谐波、13次(650Hz)谐波、17次(850Hz)谐波……如图1.4所示。

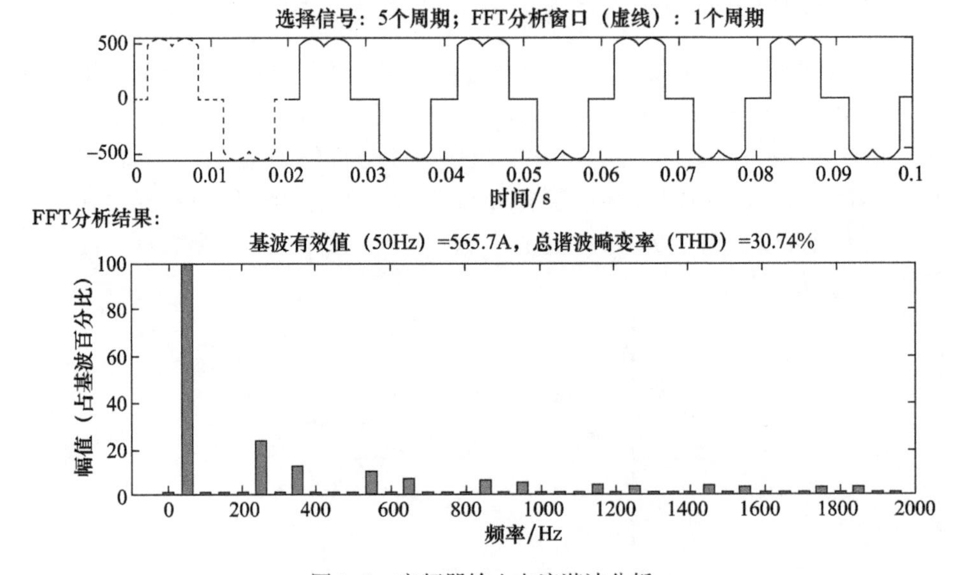

图 1.4 变频器输入电流谐波分析

输入电流的谐波基本都为低次谐波，采用一般的功率分析仪都能满足谐波分析的要求。通过采取相应的措施，输入电流谐波只要满足国家标准 GB/T

14549—1993《电能质量　公用电网谐波》关于总谐波 THD < 5%，奇次谐波 < 4%，偶次谐波 < 2% 的要求即可，无须精确定量地对谐波进行全面分析。

四、变频器输出侧谐波电压分析

变频器的输出电压是 PWM 波，含有大量的高次谐波，对电动机运行是不利的。对于电动机的转矩来说，主要由 PWM 波的基波决定，但是谐波电压易造成电动机端电压过高，发生过热，引起附加的损耗，降低电动机的效率，甚至会产生磁饱和，造成电动机的损坏。所以对变频器输出电压进行定量全面谐波分析是至关重要的。

图 1.5、图 1.6 分别给出了变频器输出基波频率为 50Hz、5Hz 时的 PWM 波形及其频谱，变频器的载波频率为 2kHz。

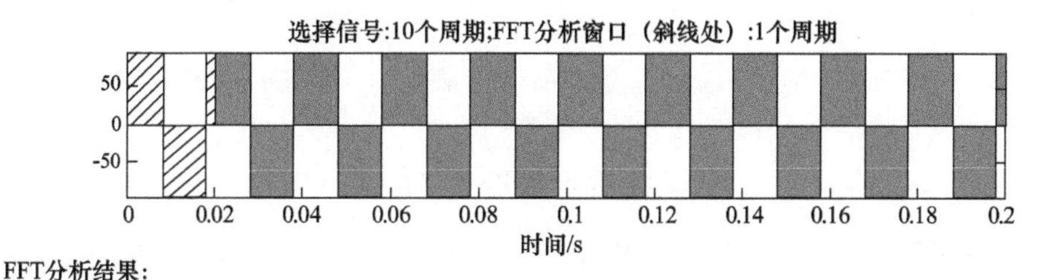

FFT分析结果:

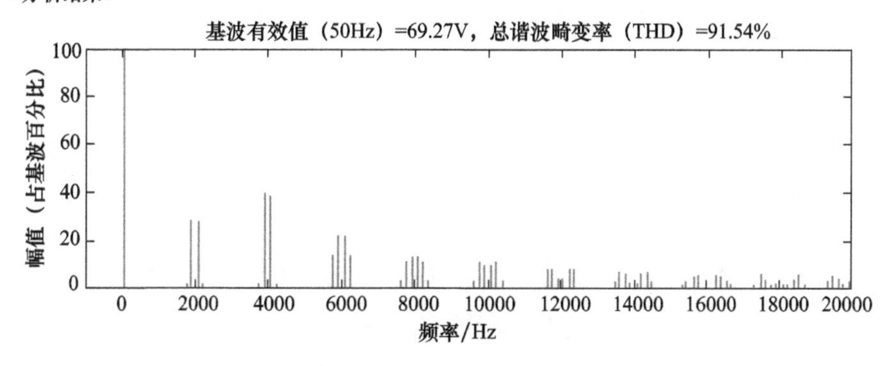

图 1.5　调制频率为 50Hz 时 PWM 波的时域与频域波形

从图 1.5、图 1.6 中可以看到，变频器输出谐波主要集中在载波频率整倍数为中心的周围，在中心频率附近的谐波幅值随其中心频率的增大而减小，其中以单次载波比处为最大。若变频器的载波频率为 f_s，基波频率为 f_1，变频器输出谐波主要集中在 $k_s \cdot f_s \pm k_1 \cdot f_1$，其中 $k_s = 1,2,3,4,5,6,7,\cdots$，$k_1 = 1,2,4,5,7,\cdots$。载波频率越高则逆变器输出谐波分量的频率越高，高能谐波频率主要分布在载波频率及其整数倍频率的周围，在载波频率处幅值最大，随着次数增高，幅值变小[8]。

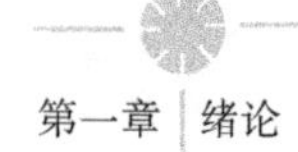

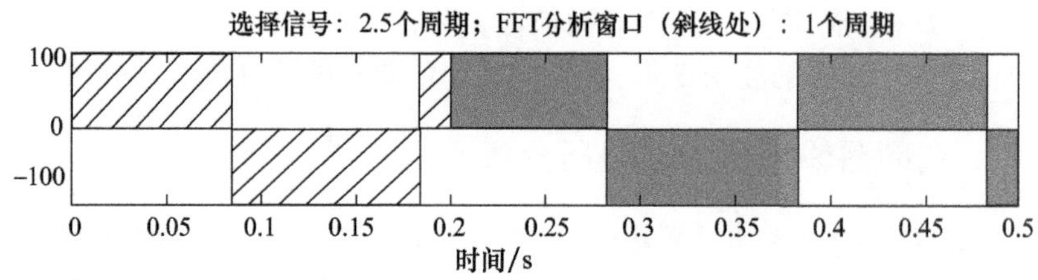

FFT分析结果：

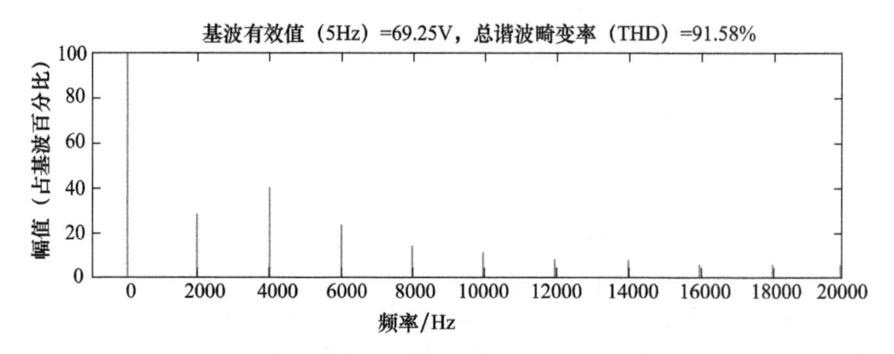

图 1.6 调制频率为 5Hz 时 PWM 波的时域与频域波形

调制频率为 50Hz 时的 PWM 波，谐波群出现的位置为 2kHz（1 倍 f_s）、4kHz（2 倍 f_s）、6kHz（3 倍 f_s）、8kHz（4 倍 f_s）等，分别对应的是 40 次、80 次、120 次、160 次等谐波。

调制频率为 5Hz 时的 PWM 波，谐波群出现的位置为 2kHz（1 倍 f_s）、4kHz（2 倍 f_s）、6kHz（3 倍 f_s）、8kHz（4 倍 f_s）等，分别对应的是 400 次、800 次、1200 次、1600 次等谐波。

第三节 变频电量测量仪器的典型结构、工作原理与主要特点

一、变频电量测量仪器的典型结构

变频电量测量仪器或称为变频电量分析仪，是由采样电路、控制单元、传输单元和数字处理器构成的以变频交流信号为测量与分析对象的仪器[9]。分析仪通过采样电路对被测电压、电流信号进行采样、有效值计算和傅里叶分析，显示被测信号的电压、电流、功率因数（相位）、功率等参数，其典型结构如图 1.7 所示。变频电量分析仪通常包括功率分析仪、电压/电流分析仪等。

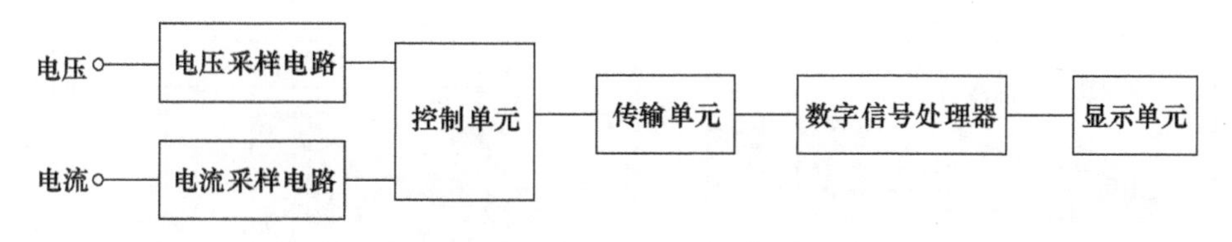

图 1.7　变频电量测量仪器典型结构

为满足前述典型逆变器输入输出波形特性及频谱分析，变频电量测量仪器应具备以下技术要求：

（1）采样频率应足够高，满足变频器谐波分析的要求，至少不低于 200kHz；

（2）带宽应高于 6 倍变频器的开关频率，综合考虑，不应低于 100kHz；

（3）谐波分析算法采用对数据序列整周期、点数没有要求的 DFT 算法或严格保证整周期截断的 FFT 算法；

（4）具有强大的硬件支撑，满足算法对于计算速度、运算量的要求；

（5）采用具有明确误差参比条件，并且参比条件包含实际使用条件的高精度测量仪器。

二、典型变频电量测量仪器的工作原理

WP4000 变频功率分析仪是湖南银河电气有限公司依托国防科技大学在多年从事电机试验及测试技术研究的基础上，遵循 IEC（国际电工委员会）及相关电机试验国家标准，为解决电机试验的宽频率范围、宽幅值范围及低功率因数等测试要求而研制的[10]。WP4000 变频功率分析仪在宽幅值、宽频率、宽相位范围内全面满足试验标准要求，测量精度按系统整体溯源，具有统一的不确定度，维护试验数据的权威性。

WP4000 变频功率分析仪采用前端数字化技术，由数字量输出的变频电量变送器和数字量输入的二次仪表构成，两者通过光纤连接。前端数字化与光纤传输完全避免了复杂电磁环境下传输环节本身的衰减和干扰，同时截断了传感器的最重要的干扰传播途径，增强了传感器和系统的电磁兼容性能。WP4000 变频功率分析仪的组成结构如图 1.8 所示。

电压、电流信号经传感器内部敏感器件变送后变为低电压信号，该信号经过抗混叠低通滤波器后，在 CPU 的干预下进行自动或手动量程转换，量程转换后的电压信号直接进入 A/D 转换器和频率测量电路，电流信号经过相位补偿进入 A/D 转换器和频率测量电路，在 CPU 干预下自动或手动选择电压或电流信号为同步源。CPU 将采样信号通过光纤收发器与变频功率分析仪进行通信。

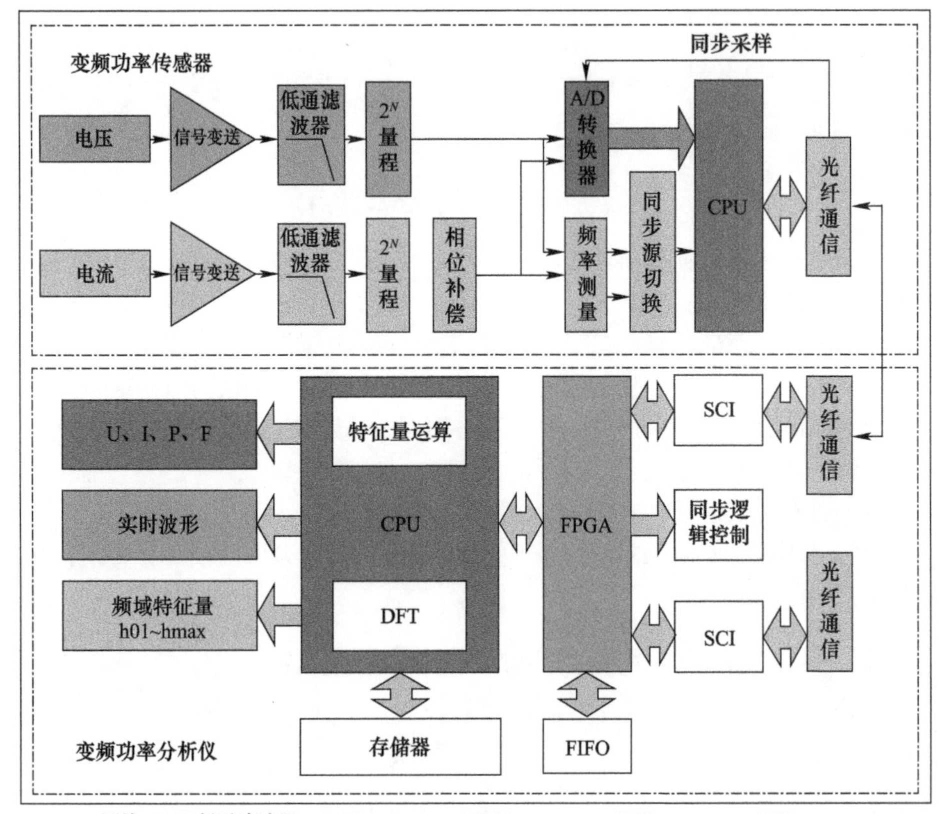

图 1.8 WP4000 变频功率分析仪的组成结构

变频功率分析仪基于多任务操作系统，采用工业嵌入式 CPU 作为主处理器，采用 FPGA 作为实时通信控制器，在 FPGA 的同步逻辑控制下与多台变频功率传感器进行通信。为了保证高速采样的实时性，FPGA 设置了大容量的高速缓存。CPU 从 FPGA 获取数据经 DFT 及相关运算，通过屏幕显示电压、电流的真有效值、基波有效值、校准平均值、算术平均值等稳态幅值特征量；电压、电流对应的平均功率、基波有功功率等功率参数；0 ~99 次谐波的幅值和相位等频域特征量及实时波形等。

三、典型变频电量测量仪器的主要特点

1. 前端数字化技术实现复杂电磁环境下的高精度测量

WP4000 变频功率分析仪采用前端数字化技术，由数字量输出的变频电量变送器和数字量输入的二次仪表构成，两者通过光纤连接。前端数字化

与光纤传输完全避免了复杂电磁环境下传输环节本身的衰减和干扰，同时截断了传感器的最重要的干扰传播途径，增强了传感器和系统的电磁兼容性能。

2. 唯一一款标称全局精度指标的变频功率分析仪

WP4000 变频功率分析仪采用变压器、变频器等各种变流器及电机试验需要的幅值、频率、相位范围内实测最低准确度指标作为标称准确度指标，全面满足相关产品检试验的国家标准要求。

3. 首创大仪器技术——15kV 高电压、7000A 大电流直接测量

WP4000 变频功率分析仪根据电压、电流的量程从 1mV ~ 15kV，100μA ~ 7000A，变频电量变送器有 100 多种规格型号可供选择，对于高压、大电流测量，既可采用低电压、小电流的 DT 系列数字变送器与外部传感器配套使用，也可直接采用高电压、大电流的 SP 系列变频功率传感器直接测量，减少中间环节，提高系统测量准确度。

4. 多机同步实现任意相电机的准确测量

每台 WP4000 变频功率分析仪可配置 1 ~ 6 个功率单元（SP 系列变频功率传感器/DT 系列数字变送器），对于更多功率单元的测试项目，可采用多台分析仪级联，在同步光纤的控制下，实现多台分析仪之间的准确同步测量，如单台分析仪可构建一台六相电机试验台，单台分析仪可构建三个测点（二瓦计法）的双馈风力发电机试验台，三台分析仪可构建的 15 相新型感应电机试验台。

5. 宽幅值范围

ANYWAY 称为 2 的 N 次方自动转换量程方案，N 每增加 1，可有效拓宽一倍的高精度测量范围。电压幅值测量范围可以从 1mV ~ 15kV，电流幅值测量范围可以从 100μA ~ 7000A。

6. 宽相位范围

WP4000 变频功率分析仪的功率单元——SP 系列变频功率传感器或 DT 系列数字变送器的电压、电流测量具有极小的角差，实现了在 0.05 ~ 1 功率因数范围内的高准确度测量。

7. 宽频率范围

功率单元（SP 变频功率传感器、DT 数字变送器）基波频率测试范围覆盖 0.1 ~ 1500Hz。

8. 超强运算能力

WP4000 变频功率分析仪采用高性能的双核嵌入式 CPU 模块，内存容量不低于 2GB，强大的运算能力和大容量存储能力为高采样频率和超长傅里叶时间

窗提供了强有力的保障。

第四节 变频电量测量仪器的发展现状及其应用

一、变频电量测量仪器的发展现状

变频电量测量仪器属于高端测量仪器仪表,对测量仪器的性能要求非常高。高端测量仪器仪表的研发和生产主要集中在日本、美国、德国等发达国家,主要生产企业有日本横河、美国泰克、德国 ZES ZIMMER 等。其中常见的商用宽频功率测量仪器仪表有:

日本横河 WT2030 宽频率分析仪覆盖直流和 2Hz ~ 500kHz 频率,输入电压范围为 10 ~ 1000V,最大输入电流为 30A,标称精度为 0.1% 。

美国泰克 PA4000 功率分析仪,标称精度为 0.01% ,最大输入电压为1000V,最大输入电流为 30A,输入频率为 DC ~ 1MHz。

德国 ZES ZIMMER LMG95 高精度功率分析仪,输入频率为直流和0.05Hz ~500kHz,标称精度为 0.01% ,最大输入电压为 600V,最大输入电流为 20A。

国外功率测量设备从实践到理论均有较长的摸索过程,日本横河和美国泰克都有近百年的测试设备研发历史,在长期的摸索过程中积累了丰富的经验。国内测量仪器起步较晚,以前高端的测量仪器主要依靠进口。随着中国制造业的发展,仪器仪表行业也得到发展,迅速缩小与发达国家的水平。随着“十二五”“十三五”等相关政策颁布,变频节能技术迅速发展,变频测量技术作为其中一个重要的环节,也开始迅速发展。由于身处变频调速技术的高速发展期间,我国针对变频测量的研发更加贴近实际应用,并且在实际应用中研发出了具有中国特色的高精度测量仪器。

湖南银河电气有限公司作为变频测量技术的领导者,是国内有做广告之嫌;先进行变频电量测量研究的单位,并且在变频测量领域积累了广泛的经验。其代表性产品 WP4000 高精度宽频功率分析仪,标称精度为 0.05% ,输入频率为直流和0.1Hz ~ 1MHz,可实现对 1mV ~ 15kV 电压和 100μA ~ 7000A 电流的直接测量。

目前,国内进行变频电量测量研究的企业还包括:青岛艾诺智能仪器有限公司、青岛青智仪器有限公司、广州致远电子有限公司、杭州远方光电信息股份有限公司等。国内企业经过这些年的快速发展,在高端仪器研发领域已经缩小了与国外企业的差距。

二、变频电量测量仪器的应用

变频电量分析仪不仅可以测量正弦和非正弦电路的有功功率,还可以测量非正弦电路的基波功率和谐波功率，从时域（实时波形）和频域（谐波分析）分析的角度对被测信号进行准确的量化。变频电量测量仪器广泛应用于：

（1）各类电气产品的谐波发射检测；

（2）逆变器、变流器、变频器、变频电机产品检试验及能效计量；

（3）电力变压器短路试验及空载试验；

（4）风力发电部件及整机试验；

（5）轨道交通电气传动系统试验；

（6）光伏发电及并网试验；

（7）舰船电力推进系统试验；

（8）电力驱动坦克装甲传动系统试验；

（9）开关电源、充电器、电源适配器等的待机功耗及能效测试；

（10）变频空调、变频冰箱、变频洗衣机等变频节能家电的产品检试验及能效测试；

（11）霍尔电压电流传感器、电子式电压电流互感器等变频电压电流传感器或变频电压电流变送器的校准或检定。

参考文献

[1] 湖南省质量技术监督局．变频电量测量仪器　分析仪：DB43/T 879.2－2014[S].

[2] 徐伟专，等．变频电量测试与计量技术 500 问[M]．北京：国防工业出版社，2019.

[3] 邱关源，罗先觉．电路[M]．第 5 版．北京：高等教育出版社，2011.

[4] 王兆安，刘进军．电力电子技术[M]．第 5 版．北京：机械工业出版社，2009.

[5] 王兆安，刘进军，王跃．谐波抑制和无功功率补偿[M]．第 3 版．北京：机械工业出版社，2017.

[6] 洪乃刚．电力电子技术基础[M]．北京：清华大学出版社，2008.

[7] 杨建军．变频器的谐波分析及治理[J]．电气时代，2007，(5)：82－85.

[8] 许华．变频器输出波形分析与测试系统[J]．电机与控制学报．2001，(4)：242－245.

[9] 全国电磁计量技术委员会．变频电量分析仪校准规范：JJF 1559—2016[S]．北京：中国质检出版社，2016：3.

[10] 徐伟专，廖仲篪，庞林．一种基于数字量传输的变频电量分析仪：CN204086388 U[P]．2015－01.

第二章　电压测量技术与应用

电压、电流、功率是电气测量中三个基本的电量参数。从测量的观点来看,测量的主要参量是电压。电压是反映电信号特征的基本参数,在电子电路中,电路的工作状态如谐振、平衡、截止、饱和以及工作点的动态范围,通常都以电压形式表现出来。电子设备的控制信号、反馈信号及其他信息主要表现为电压量。电路中其他参数,包括电流和功率,以及信号的调幅度、波形的非线性失真系数、网络的频率特性和通频带、设备的灵敏度等,都视为电压的派生量,通过电压测量获得其量值。在非电量如温度、压力、振动、速度等信号的测量中,也常利用各类传感器将非电量参数转换为电压参数。因此电压测量是电子测量的基础,在电子电路和设备的测量调试中,电压测量是不可缺少的基本测量。

本章主要介绍变频电压的测量技术及应用,首先介绍电压测量的基本要求,然后分析常用的电压测量原理,最后介绍电压测量技术的应用,给出某电压传感器的测量结果。

第一节　电压测量基础

一、电压测量的基本要求

由于测量的变频电压信号具有频率范围宽、幅度差别大、波形多种多样等特点,因此对测量电压所采用的测量仪器也提出了相应的要求,主要包括以下几项[1-2]:

(1) 具有尽可能宽的频率范围和电压范围,以满足不同的测量需要。被测信号的频率范围大约从 $10^{-6} \sim 10^{9}$ Hz,甚至更宽。频段不同,测量方法手段也各异。电压测量的下限值低至 10^{-9} V,上限值可达 10^{7} V。信号电压幅度低,就要求电压分辨率高,而这些又会受到干扰、内部噪声等的限制;电压幅度高,就要考虑在电压表输入级加接分压网络,而这又会降低电压表的输入阻抗。

(2) 满足各种被测电压波形的需要。被测电压的波形除正弦波外,还包括失真的正弦波、各类调制波、脉冲波、非周期信号等,不同波形电压的测量方法及对测量准确度的影响是不一样的。

(3) 输入阻抗应足够高。电压测量仪器的输入阻抗是被测电路的额外负载,为了减小仪器接入电路时所带来的影响,要求仪器具有较高的输入阻抗。

(4) 测量精确度应足够高。测量精确度是测量的基本要求。由于被测电压的频率、波形等因素的影响,电压测量的准确度有较大差异。电压值的基准是直流标准电压,直流测量时分布参数等影响也可以忽略,因而直流电压测量的精度较高。由于交流电压须经交流/直流变换电路变成直流电压,交流电压的频率和幅值大小对交流/直流变换电路的特性都有影响,同时高频测量时分布参数的影响难以避免和准确估算,因而交流电压测量的精度比直流电压测量的精度低。

(5) 抗干扰性能要求高。电压测量易受外界干扰影响,特别是当电压信号较小时,干扰往往成为影响测量精度的主要因素,相应地要求高灵敏度电压测量仪器必须具有较高的抗干扰能力,测量时也要特别注意采取相应措施(如正确的接线方式、必要的电磁屏蔽等),以减少外界干扰的影响。

二、电压测量的分类

电压测量有不同的分类方式。按被测电压信号的频率范围不同,可分为低频(10MHz 以下)、高频(10 ~ 300MHz)和超高频(300MHz 以上)电压测量。按工作原理不同,常见的电压传感器可分为电压互感器、光学式电压传感器和电子式电压传感器[3-4]。

1. 电压互感器

电压互感器安装在电力系统中一次与二次电气回路之间,其主要功能就是按照一定的比例将输电线路上的高电压降低到可以用仪表直接测量的标准数值,以便电压测量仪表直接进行测量。电压互感器除用作测量外,还可与继电保护和自动装置配合,对电网各种故障进行电气保护和自动控制。电压互感器实现一次与二次回路的电气隔离。

电压互感器主要有两种形式:一种是直接运用电磁感应原理(法拉第电磁感应原理);另一种基于电容分压器的电压互感器,其原理是将一次电压信号通过电容分压器分压之后,再加上一个中间变压器。

电磁式电压互感器是运用最早、最广的互感器,其技术发展比较成熟。电压互感器优点在于:线性范围内测量准确度高、制造工艺成熟、试验校验规范、运行可靠性高等,在电网电压等级不高、无数字化要求时,它在很长的时间内满足了电力系统的实际要求。

2. 光学式电压传感器

光学式电压传感器是基于 Pockels 效应和 Kerr 效应等电光变换原理以及逆压电效应(也称电致伸缩效应)。直接用光信号进行信息变换和传输,与高压电路完全隔离,具有不受电磁干扰、不饱和、测量范围大、效应频带宽、体积小、重量轻及便于数字传输等优点,适合于各种电压等级特别是在超高压开关设备中的应用。而且,处于高压侧的部分不需要电源。缺点是造价高,性能不稳定,易受环境温度影响等。

3. 电子式电压传感器

电子式电压传感器主要类型有:基于电阻/电容分压原理的电压传感器,基于霍尔效应的霍尔电压传感器。外围电路通过电子电路来实现,主要是实现模拟信号的接收和模数转换,得到数字电压信号。

第二节 电压测量原理及分析

一、电压互感器

1. 电压互感器工作原理

电压互感器是隔离高电压,供继电保护装置、自动装置和测量仪表获取一次电压信息的传感器。它是一种特殊形式的变换器,作用是将一次高电压变换为二次低电压,而且在连接方向正确时,二次电压对一次电压的相位差接近于零。

电压互感器按工作原理不同,主要有电磁式电压互感器和电容式电压互感器两类。

1) 电磁式电压互感器

电磁式电压互感器原理与普通变压器相似,基本结构主要有铁芯、一次绕组和二次绕组。主要区别是电压互感器的容量很小,通常只有几十安到几百伏安。二次侧负荷比较恒定,其工作原理如图 2.1 所示,电压互感器的一次绕组匝数 N_1 很多,直接并联于被测高压电路 U_1,在铁芯中就会感生出一个磁通,根据电磁感应定律,则在二次绕组中就产生一个交变的二次电压 U_2。二次绕组匝数 N_2 较少,与电压表及电度表、功率表、继电器等的电压绕组并联。利用一次、二次绕组不同的匝数比可将线路上的高电压变为低电压来测量[5]。改变一次或二次绕组的匝数,可以产生不同的一次电压与二次电压比,这就可组成不同电压比的电压互感器,即

$$K_U = \frac{U_{1N}}{U_{2N}} \approx \frac{U_1}{U_2} = \frac{N_1}{N_2} \tag{2.1}$$

式中：U_{1N}、U_{2N}分别为电压互感器一次、二次额定电压。

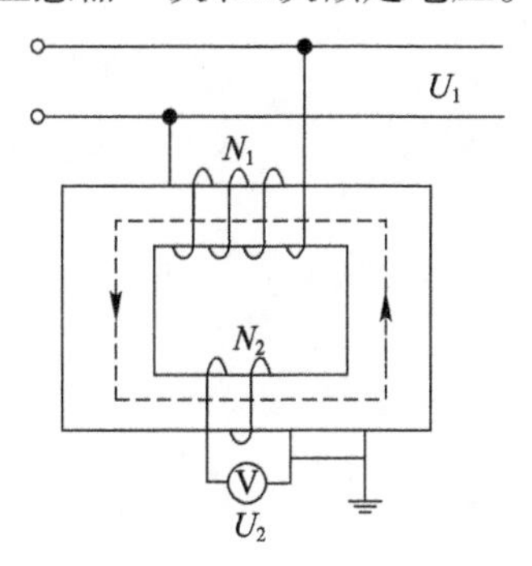

图 2.1　电磁式电压互感器工作原理

由式(2.1)可见，若已知电压互感器额定电压比(或一次、二次绕组的匝数)和二次实际电压 U_2，可计算出一次实际电压的近似值 U_1。

由于所接测量仪表的电压绕组阻抗很大，通过的电流很小，因此在正常运行时电压互感器接近于空载状态。电压互感器本身的阻抗很小，一旦二次侧发生短路，电流将急剧增长而烧毁绕组。为此，电压互感器的一次侧接有熔断器，二次侧可靠接地，以免一次侧、二次侧绝缘损毁时，二次侧出现对地高电位而造成人身和设备事故。测量用电压互感器一般都做成单相双线圈结构，其一次电压为被测电压，可以单相使用，也可以用两台接成 Y－Y 形做三相使用。

电磁式电压互感器适于 6～110kV 系统，相对于电容式电压互感器具有价格贵、容量大、误差小的特点。

2）电容式电压互感器

随着电压等级的升高，电磁式电压互感器的体积越来越大，成本也随之增高。110kV 以上系统普遍采用电容式电压互感器，我国 330kV 及以上电压等级只生产电容式电压互感器。

电容式电压互感器实质上是一个电容式分压器，在被测装置和地之间由若干个相同的电容器串联，电容式电压互感器主要包括电容分压器和电磁装置两部分。利用串联电容器进行分压，即高压电容器 C_1(主电容器)承受高电压，中压电容器 C_2(分压电容器)上获得较低的电压。电磁装置由中压变压器和补偿电抗器组成。中压变压器的作用是将分压电容器上的电压降到所需的二次电压值。由于二次回路阻抗很低，分压电容器要经过一个变压器降压后再接到测量仪表，否则影响其精度。分压回路串入补偿电抗器是为了当分压电容器上的电压随着负荷变化时，补偿电容器的内阻抗从而使电压稳定。阻尼器可使电压互感器的铁磁谐振在规定时间内得到有效的抑制和消耗。

电容式电压互感器工作原理如图 2.2 所示。设一次侧相对地电压为 U_1，则 C_2上的电压为

$$U_C = \frac{C_1}{C_1 + C_2} \times U_1 = KU_1 \tag{2.2}$$

$$K = \frac{C_1}{C_1 + C_2} \tag{2.3}$$

式中:K 为分压比。

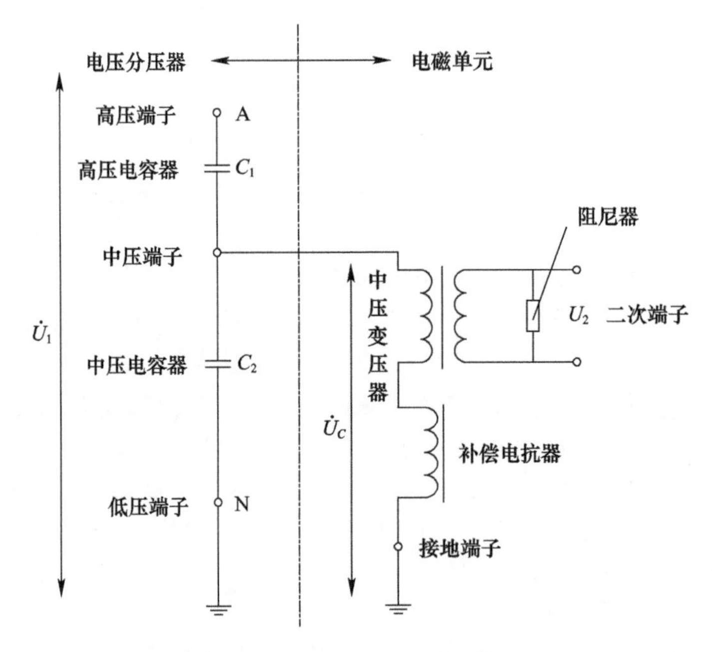

图 2.2 电容式电压互感器工作原理

电容式电压互感器和常规的电磁式电压互感器相比，具有不含铁芯、没有磁饱和、频带宽、动态测量范围大等特点。另外，电容式电压互感器二次短路不会产生大电流，也不会产生铁磁谐振，根除了电力系统运行中的重大故障隐患。

由式(2.3)可知，只要适当选择电容量，就可得到不同的分压比。由于 U_C与一次电压 U_1成正比，故测得 U_C就可得到 U_1。

2. 电压互感器的参数

1）额定电压与变压比

电压互感器的误差、发热以及绝缘性能要求都是以额定电压为基准做出相应规定的，因此额定电压是作为互感器性能基准的电压值。对一次绕组而言，就是额定一次电压，对二次绕组而言，就是额定二次电压。

额定一次电压与额定二次电压之比称为额定变压比。实际一次电压与实际二次电压比称为实际变压比。由于电压互感器存在误差,两者是不相等的。额定一次电压依电力系统的额定电压而定。

2）误差和准确度等级

电压互感器的误差分为两种:一种是电压误差(变压误差);另一种是角误差。这两种误差除受互感器构造影响外,还与二次侧负载及功率因数有关,二次侧负载电流增大,误差也增大。

电压互感器的准确度等级是指在规定的一次电压和二次负载变化的范围内,负载功率因数为额定值时误差的最大限值。测量用单相电磁式电压互感器的标准准确度等级分为五级,即 0.1 级、0.2 级、0.5 级、1 级和 3 级。0.1 级和 0.2 级用于实验室的精密测量;0.5 级和 1 级用于发电厂及变电站的盘式仪表;3 级用于一般的测量仪表;对于电能计量的电能表,应采用准确度不低于 0.5 级的电压互感器。

3）额定容量

额定容量是指对应于最高准确度等级下的容量(V·A)。电压互感器在这个负载容量下工作时,所产生的误差不会超过这一准确度等级所规定的允许值。由于电压互感器的误差随着负载而变化,当负载超过该准确度等级所规定的容量时,准确度等级就会下降。

二、光学式电压传感器

1. 基于电光效应的电压测量方法

电光效应是某些晶体物质在外加电场的作用下折射率发生变化,出现双折射现象,且双折射两光波之间的相位差与电场强度呈一定的关系。光波在介质中的传播规律受介质折射率分布的制约,而折射率的分布又与其介电常数密切相关。理论和实践均证明:介质的介电常数与晶体的电荷分布有关,当晶体上施加外加电场后,将引起束缚电荷的重新分布,并可能导致离子晶格的微小形变,其结果将引起介电常数的变化,最终导致晶体折射率的变化。设外加电场为 E,介质折射率 n 和 E 的关系一般可以展开为级数形式

$$n = n_0 + aE + bE^2 + \cdots \tag{2.4}$$

式中:n_0为无外加电场时介质的折射率;a、b 为常数;aE 为一次项,由此引起的折射率变化称为一次电光效应,也称泡克耳斯(Pockels)效应;由 aE^2引起的折射率的变化称为二次电光效应,也称克尔(Kerr)效应[6-8]。对于大多数电光晶体材料,Pockels 效应要比 Kerr 效应显著,可以略去二次项。对于具有对称中心的晶体中,不存在 Pockels 效应,Kerr 效应比较明显。

1）基于 Pockels 效应的光学电压传感器

基于 Pockels 电光效应的电压传感器，是利用某些晶体（如常用的$Bi_4Ge_3O_{12}$，BGO）的电光效应，在没有外加电场作用下各相同性；在外加电场作用下其折射率发生变化，使通过其中的偏振光发生双折射，沿感生主轴方向分解的两光束由于折射率不同，因而在晶体内传播的速度也不同，从而形成了相位差。两光束的相位差通过检偏器等光学元件的变换，可转化为光强变化，从而实现对外施电压的测量。

对于电光晶体，由电场诱发的双折射的折射率差为

$$\Delta n = n_e - n_0 = n_0^3 \gamma E \tag{2.5}$$

式中：n_e、n_0分别为非常光折射率和常光折射率；γ 为晶体的电光系数。

Pockels 效应的双折射两光波之间相位差 $\Delta\varphi$ 与外加电压 U 成正比，即

$$\Delta\varphi = \frac{2\pi}{\lambda}(n_e - n_0)L = \frac{2\pi}{\lambda} n_0^3 \gamma L \frac{U}{d} = \pi \frac{U}{U_\pi} \tag{2.6}$$

$$U = U_0 \sin \omega t \tag{2.7}$$

式中：U 为加在晶体两侧的电压；λ 为光波波长；U_0和 ω 分别为电压的幅值和角频率；L 为晶体透光方向的长度；d 为施加电压方向晶体厚度；$U_\pi = \lambda d/(2n_0^3\gamma L)$ 是使二束光产生 π 相差所需的外加电压，称为半波电压。

由式(2.6)可见，只要测出相位差 $\Delta\varphi$ 的大小，就可以确定所要测量的电场和电压的大小。然而，测量光的相位差是困难的，一般利用干涉原理将相位调制问题变成强度调制问题。图 2.3 所示为基于 Pockels 效应的电压传感器，它由准直透镜、起偏器、1/4 波片、电光晶体、检偏器等组成[3]。各元件的功能如下：①准直透镜：把来自光源的光束准直成平行光进入起偏器，并把经电压调制的光耦合进输出光纤中。②起偏器：把来自光源的光变成线偏振光；③1/4 波片：引入 90°附加相移，快慢轴与电光晶体的两个本征偏振方向平行；④BGO 晶体：产生电光效应，敏感电压；⑤检偏器：将椭圆偏振光变成线偏振光。测量系统的特性主要取决于电光晶体的转换特性，目前 BGO 的转换特性受温度影响较大，准确测量需进行温度补偿。

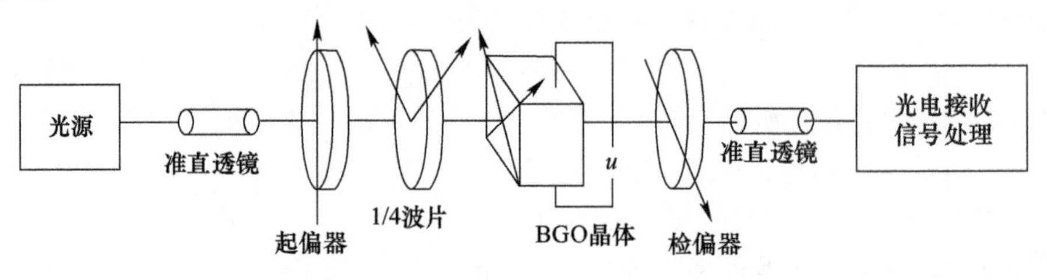

图 2.3 基于 Pockels 效应的传感器结构图

在设计光路时，使起偏器方向相对于主轴成45°，与检偏器偏振方向成90°角，可获得最大偏光干涉，当输入光强为I_0时，则基于Pockels效应的传感器输出光强为

$$I=\frac{I_0}{2}(1-\cos\Delta\varphi) \tag{2.8}$$

电光晶体在交流电压作用下产生的相位差$\Delta\varphi$也是交流量，式(2.8)是偶函数，在$\Delta\varphi$的范围$-\pi\leqslant\Delta\varphi\leqslant\pi$内，输出光强$I$的频率是$\Delta\varphi$的2倍，光强的变化不能正确地反映电压的变化，因此，需要采用电偏置法和光偏置法实现光强和相位差的一一对应关系。光偏置法是在电光晶体和起偏器间加入一个1/4波片，在两束偏振光间增加一个固定的90°相移，则式(2.8)可进一步调整为

$$I=\frac{I_0}{2}(1-\sin\Delta\varphi) \tag{2.9}$$

将式(2.6)和式(2.7)代入式(2.9)，当$\varphi\ll 1$时，$\sin\Delta\varphi\approx\Delta\varphi$，故可得输出光强为

$$I=\frac{I_0}{2}(1-\Delta\varphi)=\frac{I_0}{2}\left(1-\pi\frac{U}{U_\pi}\right) \tag{2.10}$$

式(2.10)表明，输出光强与被测电压成正比，只要测出输出光强I，即可测量出被测电压U。

2）基于Kerr效应的光学电压传感器

采用Kerr效应测量的基本公式为

$$\Delta n=n_e-n_0=KE^2 \tag{2.11}$$

式中：n_e、n_0分别为非常光折射率和常光折射率；K为Kerr常数。

利用光学路径与光波的相应的相位差之间的关系，可得相位差为

$$\Delta\varphi=\frac{2\pi L(n_e-n_0)}{\lambda}=2\pi BLE^2 \tag{2.12}$$

式中：$B=K/\lambda$为Kerr常数（m/V^2）。

与Pockels效应相比，Kerr效应微弱很多，并且由于是二次非线性关系，对光波信号的解调变得非常困难。因此，采用Kerr效应的电压传感器灵敏度不是特别高，但是测量范围很大。

以上两种基于块状电光晶体的电场测量系统大都基于分立器件，测量时需要光路对准，且容易受到外界温度或者振动的干扰。存在结构复杂、体积大、稳定性不好的缺点。

2. 基于逆压电效应的电压测量方法

逆压电效应是指当压电晶体受到外加电场的作用时，晶体除了产生极化现象外，同时形状也产生微小变化，其测量原理如图2.4所示[3]。

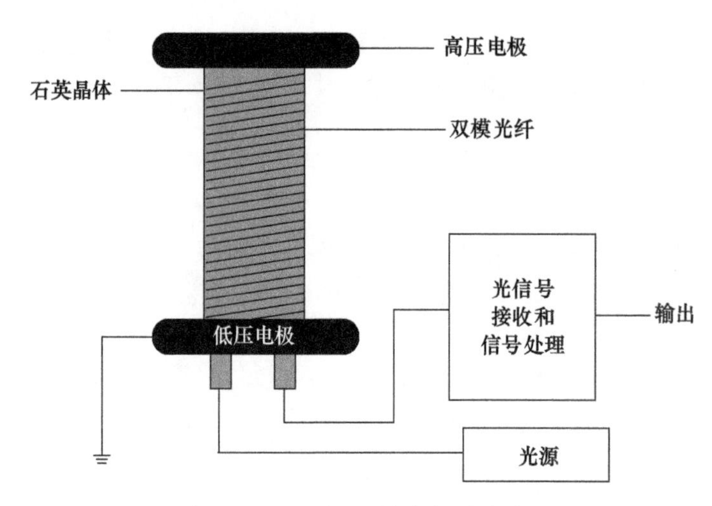

图 2.4 基于逆压电效应的测量原理

高压电极和低压电极加在石英晶体的两端,石英晶体在强电场作用下,径向方向发生应变,缠绕在石英晶体上的椭圆芯双模光纤感知应变,使得双模光纤中传播的 2 种模式(LP_{01}和 LP_{11})在传播中形成相位差。相位差由式(2.13)表示

$$\Delta\varphi = -\pi\frac{Nd_{11}El_{t}}{\Delta L_{2\pi}} \tag{2.13}$$

式中:N 为光纤的匝数;E 为电场强度;l_{t}为石英晶体的周长;d_{11}为压电系数;$\Delta L_{2\pi}$为产生的相位差为 2π 时光纤长度的变化量。通过偏光干涉法测量光强度的变化间接测得相位差的变化,实现对电压或电场的测量。

相对于电光效应的传感器而言,由于原理上的差异性,因此基于逆压电效应的传感器不需要对偏振光进行干涉,从而不需要波片、检偏器等分立元件,避免了其他电光效应对光路的干扰,简化了结构和制作工艺。但是需要特种光纤进行光信号传输,且石英晶体粘接工艺比较复杂。光学原理的电压测量方法一般用于制作光学电压互感器,用于智能变电站对电压的测量。总体而言,光学电压互感器易受环境影响,对光学器件要求较高。温度变化引起的光学器件相对位置变化和石英晶体特性的变化造成其测量的准确性和长期运行的稳定性有所不足,但在暂态过程中表现出良好的跟随性。

三、电子式电压传感器

1. 霍尔电压传感器

霍尔传感器基于霍尔效应,即当电流垂直于外磁场通过半导体时,载流子发生偏转,垂直于电流和磁场的方向会产生一个附加电场,从而在半导体的两端产生电势差，这一现象就是霍尔效应，这个电势差也称为霍尔电势差。霍尔传感器可以测量任意波形的电流和电压，如直流、交流、脉冲波形等，甚至可以测量瞬态峰值。霍尔电压传感器工作原理如图 2.5 所示[2]，霍尔电压传感器本质上是一种特殊的霍尔电流传感器，主要包括一次绕组、磁环、二次绕组、放大电路及与一次绕组串联的限流电阻 $R_1/2$。抛开限流电阻，剩余部分相当于一个闭环霍尔电流传感器。不同之处在于该传感器的一次电流非常小，一般为毫安级。

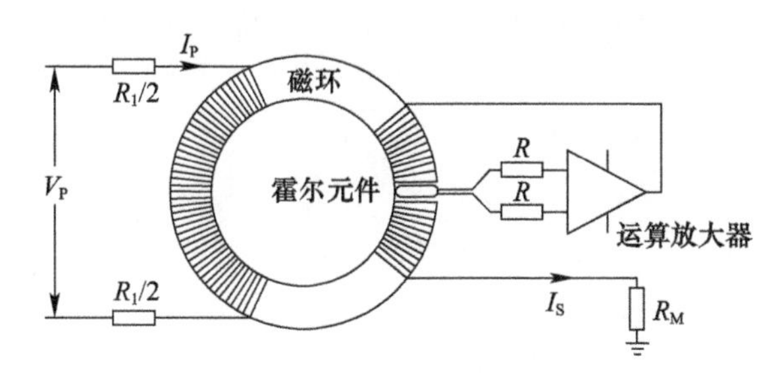

图 2.5　霍尔电压传感器原理

被测电压也就是一次电压 V_P 经限流电阻变换为毫安级的电流信号 I_P，I_P 经过一次绕组在磁芯中产生磁通，并感应到霍尔器件上，所产生的信号输出经放大器放大并变换为二次补偿电流 I_S。I_S 通过二次绕组也在磁芯中产生与原磁场方向相反的磁场，抵消磁芯中的磁场，形成负反馈闭环控制系统，最终使磁芯中霍尔元件处的磁通趋于零，达到磁平衡，补偿电流 I_S 经精度较高的电阻 R_M 变换为与测量电压成线性关系的电压，最终这一电压即可精确反映所测电压值。当 V_P 变化时，I_P 跟随变化，平衡受到破坏，将重复上述过程重新达到平衡[9]。从宏观上看，补偿电流安匝数与一次电流的安匝数相等。记 K 为一次绕组与二次补偿绕组的匝数比，则

$$I_S = KI_P \tag{2.14}$$

由于正常工作时，磁芯中的磁通为零，一次绕组的感抗大大减小，在通频带范围内，一次绕组主要体现为电阻特性，且电阻远远小于 R_1，因此

$$V_P \approx R_1 I_P = R_1 I_S / K \tag{2.15}$$

尽管零磁通工作方式降低了一次绕组的等效感抗，但由于一次电流很小，匝数较多，在被测电压频率较高时，一次绕组的感抗仍不可忽略，因此，相比于霍尔电流传感器，霍尔电压传感器的带宽通常较窄，一般在 15kHz 以内。

2. 基于分压原理的电压传感器

基于分压原理的电压测量方法无论是在电子式电压互感器还是在过电压监测中，都是运用比较多的一种电压测量方法[10]。

1）基于电阻、电容及阻容分压的电压测量

基于电阻、电容和阻容分压原理的电压测量装置结构比较简单，一般用电阻、电容或电容电阻混合串联构成分压器并作为传感单元，在低压分压电阻上加信号处理装置，取出低压臂电阻或电容上的电压，然后通过分压比得到被测电压，结构如图 2.6 所示[3]。电压 U_1 大部分落在高压臂电阻 R_1 或高压分压电容 C_1 上，低压臂电阻 R_2 或者高压探头对地分布电容 C_2 可靠接地，低压臂上的电压信号通过传输单元，传到信号处理单元对电压信号进行跟随、相位补偿和幅值调节。电阻、电容分压器的理想二次输出电压分别为

$$U_{2R}=\frac{R_2}{R_1+R_2}U_1 \tag{2.16}$$

$$U_{2C}=\frac{C_1}{C_1+C_2}U_1 \tag{2.17}$$

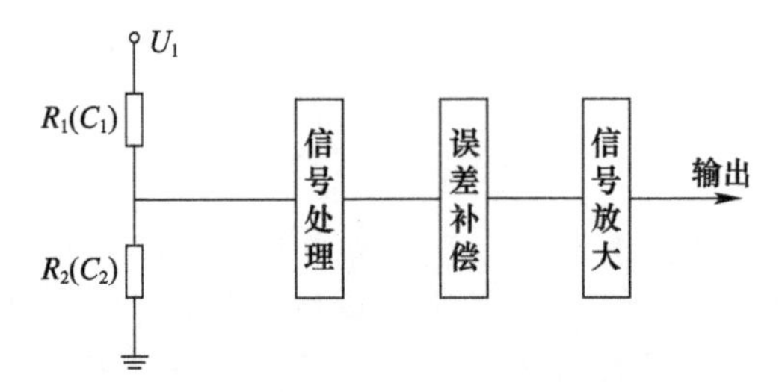

图 2.6　基于电阻或电容分压原理的电压传感器原理

对于电阻和电容分压原理制成的电压互感器，由于是电阻电容的串并联对高电压进行分压处理实现对高电压的测量，在一定程度上克服了传统的电磁式电压互感器中存在的磁饱和、铁磁谐振、油绝缘易爆、测量范围小等问题，多运用于制成高压电子式电压传感器[11]。由于电阻分压器的分压电阻会随着电压的增大和外界环境温度的变化而发生变化，导致分压比发生变化，最终使得测量结果不准确。因此，在选择分压电阻时要选择电压系数小和电阻率随温度变化小、稳定性好的电阻，避免温度的变化和电压的波动对分压比造成影响，保证测量的准确性。这也使得电阻分压原理的电压互感器多用于 10kV 等中压电压等级中。同时，周围的杂散电容也是影响测量准确性的一个重要因素，在实践运用中大多采用屏蔽装置对外界杂散电容进行屏蔽和采取一定的补偿措施。

2）基于空间电场效应的电压测量

基于空间电场效应的电容分压器是利用空气和大地作为绝缘介质和电极所形成的电容进行分压。使用时直接挂在导线上即可，无需与大地直接相连，其原理图和等效电路图如图 2.7 所示[3]。其中由 C_1 是一个普通电容器，由其取出高

压测量信号,C_2是高压探头等效对地分布电容,其电容值与高压探头放置位置有关。数据采集装置放于分压器的内部,并将采集信号通过光纤传至低压侧进行数据处理[12]。由于该装置不与地电位直接相连,在一定程度上降低了绝缘难度,使用方便,但对地电容值是由高压探头对地高度 h 确定,且其电容值易受环境影响,导致测量值出现较大误差,测量准确度有所不足。

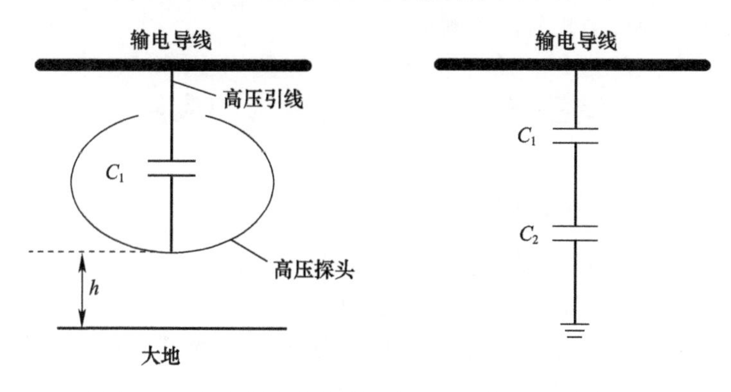

图 2.7　空间电场效应的原理图(左)和等效电路图(右)

3)基于杂散电容分压的非接触式电压测量

基于杂散电容分压的非接触式电压测量利用电压传感器上的感应金属板与输电导线之间形成的杂散电容 C_1 作为高压臂电容,在感应金属板下连接一个电容为 C_2 的电容器作为低压臂来实现对高电压的分压[13]。根据传感器金属板距离高压输电导线的距离测算出输电导线与传感器金属板之间的杂散电容 C_1,由 C_1和 C_2确定分压比,最后根据分压比获得输电导线的测量值,如图 2.8 所示[3]。因此,杂散电容的估算和分压比的标定是传感器设计的关键。杂散电容的大小与输电导线的形状、尺寸、相对位置以及导体间的介质有关。工程上对杂散电容的计算有多种方法,但一般计算量较大,需借助计算机编程实现。

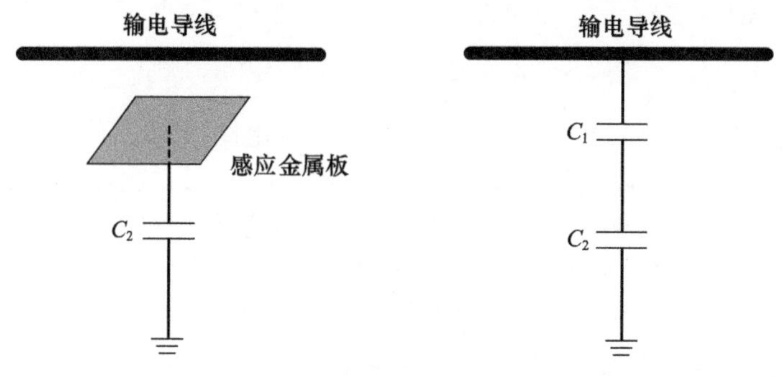

图 2.8　基于杂散电容分压的非接触式电压测量原理图(左)和等效电路图(右)

此种电压测量方法由于是非接触测量,一般易受环境影响,在传感器设计上要采取较好的屏蔽措施,减小其他杂散电容的影响和电磁干扰。由于基于此种方法的传感器结构简单,一般用于输电导线的过电压监测。把传感器悬挂于杆塔之上,让测量信号通过光纤传至附近的变电站。此种方法由于杂散电容的估算和分压比的标定困难,其测量准确度不足,同时电容分压暂态特性也有所不足,一般不用于精度要求较高的测量中。

第三节 电压测量技术的应用

一、SP 变频功率传感器工作原理

SP 系列变频功率传感器属于电压、电流组合型的电子式传感器。SP 系列变频功率传感器基于前端数字化原理设计,主要由电压敏感元件、电流敏感元件、一次转换电路、隔离工作电源、光电转换电路及光纤传输系统等构成,如图 2.9所示。电压敏感单元基于电阻分压原理。

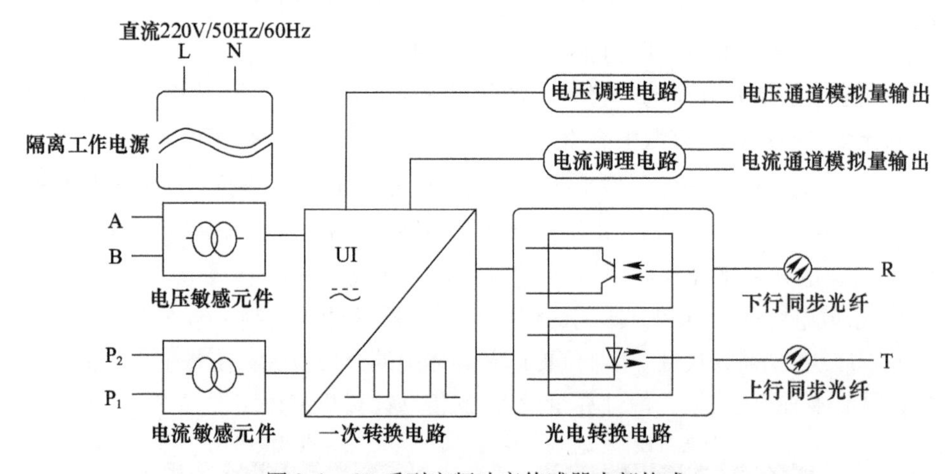

图 2. 9 SP 系列变频功率传感器内部构成

电压敏感元件及电流敏感元件接收来自一次电路的高电压、大电流信号,变换为一次转换电路可以接受的低电压、小电流模拟信号,一次转换电路将模拟信号转换为数字信号以及标准的模拟量信号。脉冲信号经过光电转换电路通过光纤传输系统与 ANYWAY 系列变频功率分析仪通信,进行数据处理以及显示,模拟量通信接口可以与其他数据采集系统通信,快速构建高精度功率测量系统。隔离工作电源在直流 220V 电网与一次电路之间建立电气隔离,并为一次电路提供工作电源。光纤传输系统包含上行数据光纤和下行同步光纤。上行数据光

纤用于传输变频功率传感器的高速采样数据,下行同步光纤对一次转换电路进行无缝量程转换控制,并提供采样时钟,实现与其他传感器之间的同步采样。模拟量接口输出标准的2.5V模拟量信号,为外部数据采集系统提供标准的测量接口。

SP变频功率传感器应用与霍尔传感器、互感器、罗氏线圈等没有太大差别,电流均是采用穿心测量方式,直接将载流导体穿心即可;而电压测试均配置测量端子,将被测电压端子接入电压接线端子即可。只有二次输出配置有较大差别,一般霍尔传感器、互感器、罗氏线圈等二次输出为模拟电压或模拟电流信号,而SP变频功率传感器二次输出除了配置模拟电压输出信号外,还配置有数字光纤输出接口。

变频器输出电压为PWM波,含有丰富的谐波,要求较宽的带宽。负载多为感性的电机负载,其电流的谐波含量较小,对带宽要求远远低于电压带宽。这一点,与霍尔传感器的带宽现状正好相反。目前适用于变频电量测量的电压传感器主要是霍尔电压传感器,可测最高电压为6400V,其带宽低于1kHz,精度约1%。由于采用了无缝量程转换技术,SP系列变频功率传感器可以实现宽动态范围内的高精度测量。电压通道的最高测试电压可达15kV(特殊定制可达20kV),典型带宽100kHz,最高精度可达0.05%。

二、实验结果

1. 高电压测量结果

采用HJ30-15标准电压互感器对SP103102型变频功率传感器电压通道进行校准,额定电流2000A,额定电压为15000V,额定频率为50Hz。校准结果如表2.1所列。

表2.1 SP103102型变频功率传感器电压通道高压校准结果

标准值/V	测量值/V	相对误差/%
800	800.5	0.062
1000	1000.5	0.050
3300	3302.0	0.061
6600	6601.1	0.017
10000	9994.4	0.056
13000	12998	0.015
15000	14998	0.013

由结果来看,SP103102 型变频功率传感器在 15000V 的量程范围内,测量精度非常高,在测量 15000V 高压时,精度可高达 0.013%。

2. 不同频率下的电压测量结果

采用 FLUKE5790A 交流电压测量标准对 SP112201 型变频功率传感器电压通道进行测量,SP112201 型变频功率传感器的额定电流为 200A,额定电压为 1140V。测量结果如表 2.2 所列。

表 2.2 SP112201 型变频功率传感器电压通道不同频率下电压校准结果

频率/Hz 标准值/V	10		50		100		200		400	
	测量值/V	相对误差/%	测量值/V	相对误差/%	测量值/V	相对误差/%	测量值/V	相对误差/%	测量值/V	相对误差/%
10	10.008	0.08	10.007	0.07	10.006	0.06	10.008	0.08	10.010	0.10
20	20.001	0.01	19.999	-0.01	19.998	-0.01	19.986	-0.07	19.982	-0.09
45	44.981	-0.04	44.979	-0.05	44.979	-0.05	44.985	-0.03	44.964	-0.08
100	100.02	0.02	100.01	0.01	100.02	0.02	100.07	0.07	100.07	0.07
150	150.02	0.01	150.01	0.01	150.02	0.01	150.07	0.05	150.10	0.07
300	—	—	299.99	0.00	300.00	0.00	299.85	-0.05	300.21	0.07
500	—	—	499.77	-0.05	499.79	-0.04	499.80	-0.04	499.75	-0.05
1000	—	—	999.64	-0.04	999.70	-0.03	999.60	-0.04	999.50	-0.05

由结果来看,SP112201 型变频功率传感器在频率 10~400Hz 的范围内,可以测量电压从 10~1000V,测量精度非常高,优于 0.1%。

参考文献

[1] 胡玫,王永喜. 电子测量基础[M]. 北京:北京邮电大学出版社,2015.
[2] 徐伟专,等. 变频电量测试与计量技术 500 问[M]. 北京:国防工业出版社,2019.
[3] 李振华,赵爽,胡蔚中. 高电压测量技术研究综述[J]. 高电压技术,2018,44(12):3910-3919.
[4] 王德忠. 高电压互感器技术的发展趋势[J]. 上海电机学院学报,2012,15(1):59-65.
[5] 子怒. 高压互感器技术手册[M]. 北京:中国电力出版社,2005.
[6] 李长胜,王伟岐. 基于电致发光效应的光学电压传感器[J]. 中国光学,2016,9(1):30-40.
[7] 程云国,刘会金,李云霞. 光学电压互感器的基本原理与研究现状[J]. 电力自动化设备,2004,24

(5):87 - 91.

[8] 姚健,李长胜. 利用电致发光线的电压有效值传感器[J]. 光电子激光,2013,24(1):34 - 38.

[9] 李庆莲,雷民,徐伟专. 霍尔传感器的角差对功率测量的影响[J]. 电测与仪表,2014,51(20):95 - 99.

[10] 徐大可,赵建宁,张爱祥,等. 电子式互感器在数字化变电站中的应用[J]. 高电压技术,2007,33(1):78 - 82.

[11] 孙丹婷,聂一雄. 阻容分压型电压互感器的实验研究[J]. 电测与仪表,2008,45(6):23 - 26.

[12] 汤宁平,柔少瑜,廖福旺. 基于空间电场效应的高电压测量装置的研究[J]. 电工电能新技术,2009,28(1):26 - 33.

[13] 杜林,常阿飞,司马文霞,等. 一种非接触式架空输电线路过电压传感器[J]. 电力系统自动化,2010,34(11):93 - 96.

第三章　电流测量技术与应用

电流是衡量单元电路和电子设备工作安全情况的主要参数。电流测量在现代电气技术管理中有非常重要的地位。如动力系统大多靠电力提供，最典型的就是电动机。电动机提供功率的大小与电流的大小存在某种对应关系，确定了电流的大小，也就知道了提供的功率，并可以通过功率去判断电动机的运转状态是否正常、负荷侧设备运转状态是否正常、电动机与负荷的配合是否合理。根据电流测量值可以对设备的运行状态进行评价、判断，采取适当的技术措施，以保证动力系统高效率、低成本、长周期的运转。

高效率就是指在满足负荷要求前提下，控制功率提供裕量，杜绝电动机与负载设备的不匹配现象，减少浪费。低成本就是在分析比较各台电动机的运行电流后，选择能提供相同生产能力的、运行电流较低的电动机承担主要生产任务，减少运行成本。长周期就是根据电流的变化趋势，判断设备状况的发展趋势，将可能即将损坏的设备提前、按计划地停下来修理，维持生产系统的长周期稳定运行。

本章主要介绍变频电流的测量技术及应用，首先介绍电流测量技术发展与现状，然后分析常用的电流测量原理，最后介绍电流测量技术的应用，给出某电流传感器的测量结果。

第一节　电流测量简介

电流作为一个基本物理量，对其精确测量具有非常重要的意义。物理学家和工程师们一直探索使用各种方法测量电流：19 世纪 80 年代用分流器测量电流；20 世纪初用电流互感器和罗氏线圈测量电流；20 世纪 30 年代开发了可以测量直流大电流的高精度直流互感器和磁通门传感器；20 世纪 50 年代，随着半导体技术的发展，开发了基于霍尔效应的霍尔感应单元，并应用于电流传感器；20 世纪 70 年代以来，基于磁电阻效应的感应单元逐渐产品化，并应用于电流传感器。近年来，以 MEMS 为代表的电流测量技术快速发展，使产品小型化、低成本成为可能。从以上测量技术的历史中发现，电流测量方法从直接测量到间接测量,电流测量原理从电场测量到磁场测量,电流测量产品的性能不断提高,成本不断降低[1]。通过对电流的准确测量,可以实现对整机或者系统的实时监控和保护。电流传感器是一类重要的电流测量产品,它通过测量一次电流产生的磁场间接测量电流,经过信号处理,输出低电压或小电流信号,同时具有一次回路与二次回路电气绝缘,以保证整机或系统的安全要求。

电流传感器输出的电压或电流,可以直接应用于整机或系统,也可以通过A/D 转换器转换成数字信号,经过微处理器或者 DSP 运算处理,实现整机或系统的实时测量或者自动保护。电流传感器用途广泛,主要应用于变频器、电机控制器、不间断电源、开关电源、过程控制和电池管理系统等产品,涉及传统工业、风能和太阳能等新能源、汽车、机车、医疗设备和自动化等各个领域。不同的应用领域,整机或系统对电流传感器的要求不同:有的产品要求精度高,有的产品要求响应速度快,有的产品要求抗干扰能力强等。为了满足整机或系统的技术要求,陆续开发了基于不同技术的电流传感器,其测量范围、精度、带宽、电气绝缘、响应速度、抗干扰能力等性能不同,成本也有很大的差异。

目前为止,有十多种不同的电流测量技术应用到电流传感器中。通常来说,电流传感器基于以下几种物理学原理进行电流测量[1-2]。

首先是基于欧姆定律的分流器,其两端输出电压和被测电流成正比,具有成本低、应用方便的优点,能满足一般要求的电流测量应用,目前仍被广泛使用。但是,分流器串联在电路中,导致其局限性也很明显:测量大电流时的损耗大、没有电气绝缘。因此在需要电气绝缘的环境中使用时,需要额外配置电气绝缘措施,比如隔离放大器等,导致成本升高、带宽降低。高性能的分流器也在陆续开发中,比如同轴分流器等。其次是基于安培环路定律的电流传感器,通过测量磁场来间接测量电流的大小和方向,具有一次回路与二次回路的电气绝缘。工业领域应用的电流传感器,主要有以下 6 种:①霍尔电流传感器;②磁通门电流传感器;③磁电阻(Magneto Resistive,MR)电流传感器,包括各向异性磁电阻(Anisotropic Magneto Resistance,AMR)电流传感器、巨磁电阻(Giant Magneto Resistance,GMR)电流传感器和隧道磁电阻(Tunnel Magneto Resistance,TMR)电流传感器等;④罗氏(Rogowski)线圈;⑤电流互感器;⑥光学电流传感器(Optical Current Transducer,OCT)。还有其他间接测量技术的电流传感器,主要是利用磁场和其他物理学原理或效应的结合,实现电流的间接测量[3-5],包括核磁共振(Nuclear Magnetic Resonance,NMR),磁致伸缩效应,量子霍尔效应,超导量子干涉装置(Superconducing Quantum Interference Devices,SQUID)等。这些技术及其产品分别有不同的特点,针对不同的细分市场,使用复杂,价格高。例如基于MR、量子霍尔效应和 SQUID 的电流传感器,对应用环境要求高、价格高,少量应用于实验室仪器设备中，到目前为止，部分技术还不成熟，处于开发或完善阶段；基于法拉第磁光效应的电流传感器，测量交流大电流有较好的性能，但是测量直流时，性能问题亟待解决。

第二节 电流测量原理及分析

一、电流互感器

1. 电流互感器工作原理

电流互感器(Current Transformer，CT)是依据电磁感应原理将一次侧大电流转换成二次侧小电流来测量的仪器。电流互感器仅可用于测量交流电流。交流电流互感器的典型结构与普通变压器极其相似，如图3.1所示[6]，包括一个闭合铁芯和两个绕组。一次绕组N_1串联在被测电路中，二次绕组N_2外部回路接测量仪表。电流互感器铁芯内的交变主磁通由一次绕组内电流I_1所产生，一次主磁通在二次绕组中感应出二次电势而产生二次电流I_2。一次绕组匝数很少，电流完全取决于被测电路的负荷电流而与二次电流无关，二次绕组所接仪表和继电器的电流绕组阻抗都很小，所以正常情况下电流互感器在近于短路状态下运行[7]。

电流互感器一次、二次额定电流之比，称为电流互感器的额定互感比(又称额定电流比)，即

$$K_I=\frac{I_{1N}}{I_{2N}}\approx\frac{I_1}{I_2}=\frac{N_2}{N_1} \tag{3.1}$$

式中：I_{1N}、I_{2N}分别为电压互感器一次、二次额定电压。

该比值已标准化。电流互感器将一次绕组中的电流转换为比较统一的电流，便于二次仪表测量。另外，线路上的电压都比较高，如直接测量是非常危险的。电流互感器就起到变流和电气隔离的作用。

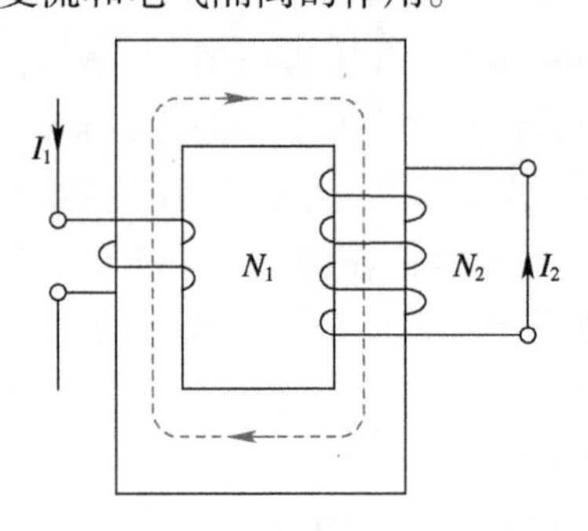

图3.1 电流互感器工作原理

电流互感器原理简单,使用方便,可以测量非常大的电流,消耗的功率却很少,是目前大电流电子电能表中使用得最多的感应器。近年来,性能优越的坡莫合金、纳米合金以及非晶合金等新型铁磁材料不断涌现,使得互感器的性能得到极大改善,精度不断提高,体积、重量和价格有所优化,与此同时,人们在传统电流互感器的基础之上,采取了许多改进措施以进一步提高电流互感器的精度,例如基于零磁通原理的电流互感器,精度可达到 10^{-5} 等级甚至更高,本章第三节将详细介绍零磁通电流传感器的工作原理。但是电流互感器的变压器原理决定了其难以从根本上摆脱以下方面的缺陷:仅适用于数千安培以内的交流电流测量,被测电流过大,则互感器的激磁电流不再可以忽略不计,过大的激磁电流使铁芯工作在饱和区,互感器的测量误差将急剧增大;交流电流互感器比较适用于电网工作频率附近频段的电流测量,不可用于过高或者过低频率电流的测量;被测电流中存在暂态直流分量时,铁芯将进入饱和区域,互感器的测量精度将急剧恶化。

2. 电流互感器的参数

1)额定电流与变流比

电流互感器的误差、发热以及电流性能要求都是以额定电流为基准值做出相应规定的,因此额定电流是作为互感器性能基准的电流值。对一次绕组而言,就是额定一次电流,对二次绕组而言,就是额定二次电流。

额定一次电流与额定二次电流之比称为额定变流比。实际一次电流与实际二次电流比称为实际变流比。由于励磁电流的存在,电流互感器存在误差,两者是不相等的。

2)误差和准确度等级

电流互感器的测量误差分为电流误差(变流误差)和角误差。它的准确度等级是以最大电流误差和角误差来区分的,是指在规定的二次负载变化范围内,一次电流为额定电流时允许的最大误差限值。根据《20840.1—2010 互感器第 1 部分:通用技术要求》,测量用电流互感器的标准准确级分:0.1 级、0.2 级、0.5 级、1 级、3 级和 5 级。

3)额定容量

额定容量是指对应于最高准确度等级下的容量(V·A)。电流互感器在这个负载容量下工作时,所产生的误差不会超过这一准确度等级所规定的允许值。由于电流互感器的误差随着负载而变化,当负载超过该准确度等级所规定的容量时,准确度等级就会下降。

二、光学电流传感器

光学电流传感器也称无源型互感器,因为其一次侧传感器采用光学原理,测量信号通过光参量的变化检出，因而一次侧传感元件不需电源。

基于法拉第磁光效应（如图 3.2 所示）的光学电流传感器是目前的主流产品[8-9]。是法拉第磁光效应示意图当一束平面线偏振光通过置于磁场的、透明的磁光材料（如铅玻璃等）时，在外磁场作用下，其偏振面将发生旋转，旋转角 φ 正比于磁场强度 H 沿光传播路线的线积分，有

$$\varphi = V\int_0^L H\mathrm{d}l = VLH \tag{3.2}$$

式中：V 为物质的弗尔德常数，rad/A，不同物质的费尔德常数不同，且与光波波长和温度有关；L 为光线在材料中通过的路程。

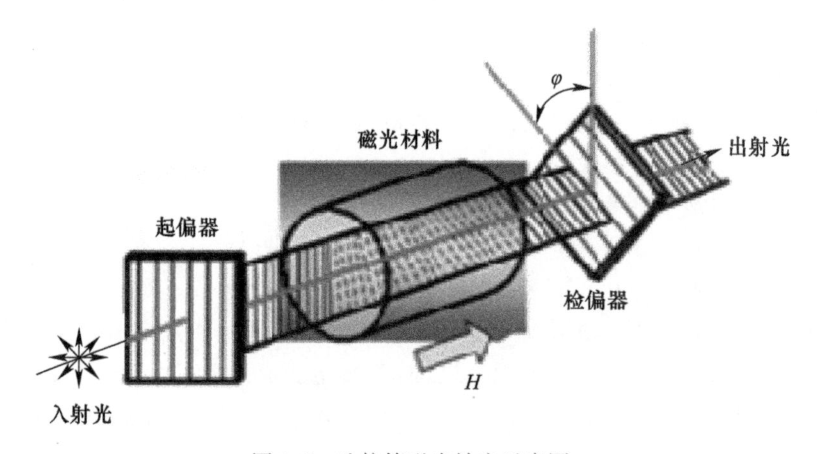

图 3.2 法拉第磁光效应示意图

当输入发光强度为 I_0时，则输出发光强度 I 为

$$I = \frac{1}{2}I_0(1 + \sin 2\varphi) \tag{3.3}$$

当 $2\varphi \ll 1$ 时，$\sin 2\varphi \approx \varphi$，故

$$I = \frac{1}{2}I_0(1 + 2\varphi) = \frac{1}{2}I_0(1 + 2VHL) \tag{3.4}$$

式(3.4)表明，输出发光强度正比于磁场强度（即电流大小），只要测出输出发光强度 I，即可测出被测电压 U。

利用法拉第磁光效应实现电流传感器有多种方式，根据传感头所用材料不同，可分为全光纤式、光电混合式和块状玻璃式[9-11]。图 3.3 是全光纤式电流传感器结构示意图，主要由传感头、送光光纤与受光光纤、电子回路等三部分组成。以被测导体为轴，将光纤绕成圈，光源经起偏镜成为线偏振光后由受光光纤射入光纤传感头，在磁场的作用下，偏振面发生旋转，出入两光矢量之间会形成与被测电流大小相对应的相角，反射后经过偏正分析，再进入光电探测器转换为

电信号。由于其不仅利用光纤作为信号传输的介质,还将光纤形成闭合回路环绕通电导体作为传感头,因此,称为全光纤电流传感器。全光纤电流传感器具有结构简单、体积较小、测量灵敏度可调(按光纤环数调节),但光纤内部存在线性双折射,导致其稳定性和测量精度受到影响。

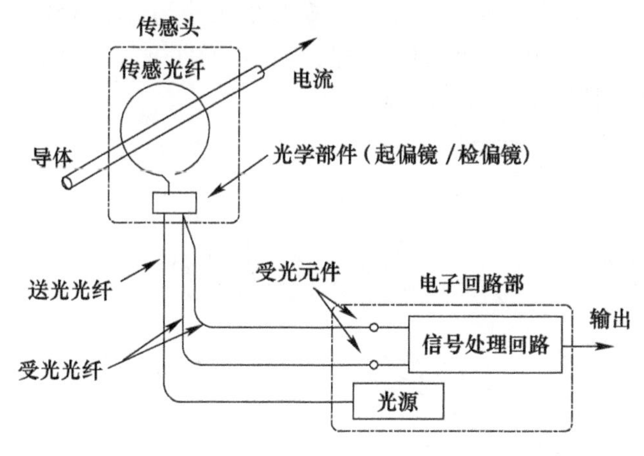

图 3.3 光纤电流传感器结构示意图

块状玻璃式电流传感器与其他类型光学电流传感器的最大区别在于,它是采用光学玻璃作为传感头。导引线偏光在光学玻璃中进行多次全反射,并形成了围绕通电导体的闭合回路,通过测量出线偏振光的法拉第旋转角,并根据法拉第定理计算出电流大小。块状玻璃式光纤电流传感器与全光纤电流传感器相比,光学材料的选择范围比光纤宽,稳定性较好,精度较高,但加工困难、传感头易碎、加工成本昂贵等。

混合式电流传感器与全光纤电流传感器不同点在于,它仅以光纤作为信号传输的介质,传感部分仍然是采用传统的互感器结构,它是一种采用传统的电流传感机理、采用有源器件调制技术和光纤传输技术的混合式电流传感器。混合式光纤电流互感器具有结构简单、绝缘性好、长期工作稳定性好、精度高、性能稳定等优点。

三、霍尔电流传感器

霍尔电流传感器是一种常用的电流测量装置,它采用霍尔元件作为敏感单元,通过测量被测电流产生的磁场的大小来实现对电流的测量。基于霍尔效应的霍尔元件是一种半导体薄片,封装在集成电路中。从传感原理上可将霍尔电流传感器分为开环式霍尔电流传感器和闭环式霍尔电流传感器。

1. 开环式霍尔电流传感器

以铁磁材料作为磁芯，将霍尔元件放置于磁芯的开口处，再配置相应的处理电路，构成霍尔开环电流传感器，其工作原理如图 3.4 所示[6]。磁芯用于聚磁，放大磁感应强度的幅度，同时防止外部磁场的干扰。当一次电流 I_P流过一根长导线时，在环形磁芯中产生一磁场，这一磁场的大小与流过导线的电流成正比，产生的磁场聚集在磁环内，通过磁环气隙中霍尔元件进行测量并放大输出，其输出电压 V_S按比例地反映一次电流 I_P。

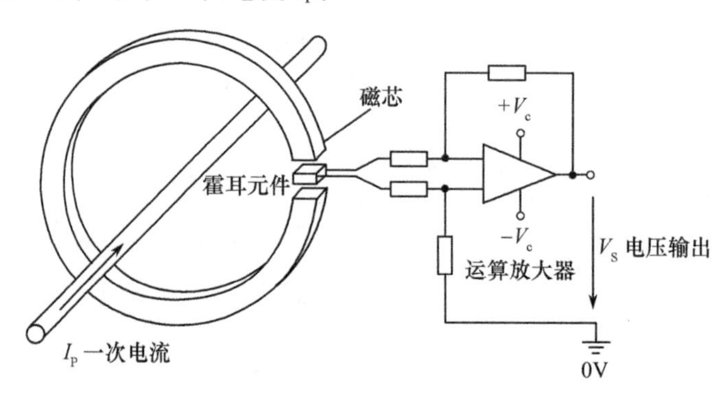

图 3.4 开环式霍尔电流传感器工作原理图

开环式霍尔传感器性能稳定可靠，可以测量直流、交流和复杂的电流波形，具有一次回路与二次回路电气绝缘，没有插入损耗。总精度误差通常是几个百分点，测量范围从几安到 30kA，短时间可以承受 5 ~ 10 倍过载的脉冲电流，过载后磁失调会增大，通过消磁可以减小或消除开环传感器的磁失调[1]。但由于霍尔器件是磁场检测器，检测的是磁芯气隙中的磁感应强度。电流增大后，磁芯可能达到饱和。随着频率升高磁芯中的涡流损耗、磁滞损耗等也会随之升高。这些都会对测量精度产生影响。可采取一些改进措施来降低这些影响，例如选择饱和磁感应强度高的磁芯材料、制成多层磁芯等。

2. 闭环式霍尔电流传感器

闭环式霍尔电流传感器沿用了比较仪的零磁通原理，在开环式霍尔电流传感器的基础上进行了一系列改进。首先是在带气隙的铁磁材料上均匀布置一个二次补偿绕组；其次霍尔元件不再用以直接检测电流的大小，而作为一个剩余磁通检测单元，霍尔元件的输出霍尔电势控制驱动一定大小的电流通过二次补偿绕组，工作原理如图 3.5 所示[2,6]。

被测量的一次电流 I_P在磁芯中所产生的磁场通过二次补偿绕组电流 I_S所产生的磁场进行补偿，从而使霍尔器件处于检测零磁通的工作状态，有

$$I_S \times N_S = I_P \times N_P \tag{3.5}$$

式中：I_S为二次补偿绕组电流，即传感器输出电流；N_S为二次绕组匝数；N_P为一次绕组匝数。

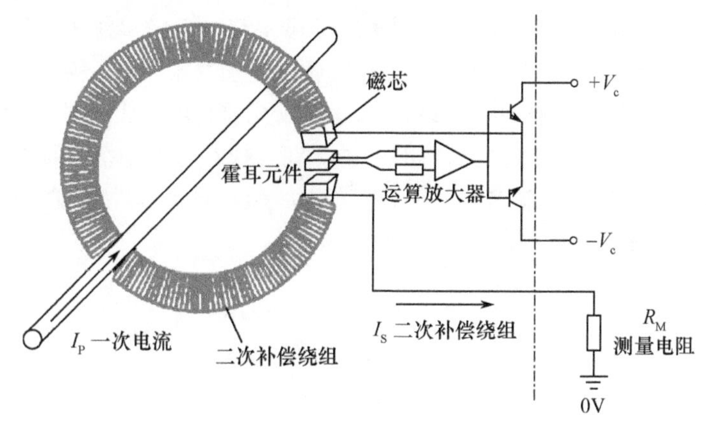

图3.5　闭环式霍尔电流传感器工作原理图

当主回路有电流I_P通过时，在导线周围产生的磁场被磁芯聚集并感应到霍尔器件上，所产生的信号输出用于驱动功率管并使其导通，从而获得一个补偿电流I_S。这一电流再通过多匝绕组产生磁场，该磁场与被测电流产生的磁场正好相反，因而补偿了原来的磁场，使霍尔器件的输出逐渐减小。当与I_P所产生的磁场相等时，I_S不再增加，这时的霍尔器件起到检测零磁通的作用，此时可以通过I_S来测试I_P。当I_P变化时，磁场平衡受到破坏，霍尔器件有信号输出，即重复上述过程重新达到平衡。被测电流的任何变化都会破坏这一平衡。一旦磁场失去平衡，霍尔器件就有信号输出，经功率放大后，立即就有相应的电流流过二次绕组以对失衡的磁场进行补偿。从磁场失衡到再次平衡是一个动态平衡的过程。因此，从宏观上看，一次的补偿电流安匝数在任何时间都与一次被测电流安匝数相等。闭环式霍尔电流传感器正常工作时，其一次绕组和二次绕组的磁通互相抵消，达到磁平衡，磁芯中的实际磁通为零。但是，这只是理想情况。实际的传感器，由电子电路构成的二次绕组的输出电流能力总是有限的，当一次侧过载时，若二次侧输出受限，实际输出电流比理论电流小，磁平衡被打破，只要一次电流继续增大，铁芯就会饱和。

不论是哪种霍尔电流传感器，磁芯发生磁饱和后，都可能导致剩磁，而霍尔传感器的输出与磁芯的磁通有关，因此，磁饱和后的霍尔电流传感器，在一次侧没有输入的情况下，也会有一定直流信号的输出。

四、磁通门电流传感器

磁通门现象其实是变压器效应的衍生现象，同样符合法拉第电磁感应定律。

当磁芯处于非饱和磁场中，其磁导率变化缓慢，而当磁芯达到饱和时，其磁导率变化明显，此时被测电流产生的磁场被调制进感应电势中，可以通过测量磁通门电流传感器感应电势中能够反映被测磁场的量来度量磁场。磁通门传感器的工作过程中，磁芯的饱和点就貌似一道“门”，通过这道“门”，被测磁场被调制[12]。磁通门根据磁芯和线圈的结构、形状及激励源的不同，可分成多种类型。图3.6所示的单磁芯磁通门是结构最简单的一种。在一根铁芯上缠绕激励线圈和感应线圈，铁芯为高磁导率的铁磁性材料，磁导率为 μ，横截面积为 S，感应线圈匝数为 N，磁通门传感器感应线圈中电压为 e。

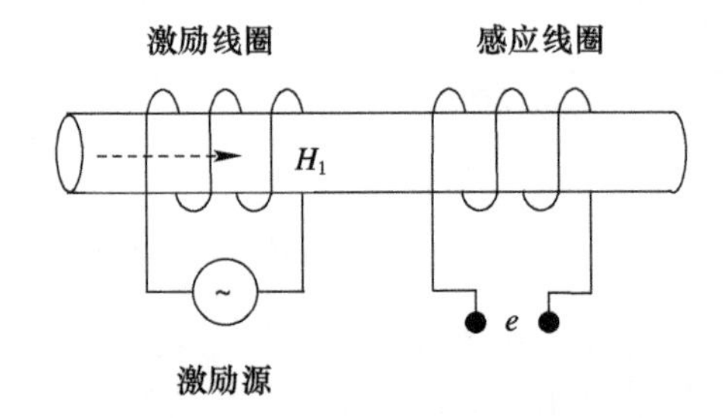

图3.6 单芯磁通门探头工作原理

根据法拉第电磁感应定律，感应线圈的感应电动势为[13]

$$e = -10^{-8}\frac{\mathrm{d}}{\mathrm{d}t}(N\mu H_1 S) \tag{3.6}$$

式中：$H_1 = H_{\mathrm{m}}\cos 2\pi f_1 t$ 为激励线圈磁场强度；H_{m} 为激励磁场强度的幅值；f_1 为激励频率。

由于磁芯磁导率曲线是非线性的，激励磁场瞬时值的周期性变化会引起磁导率 $\mu(t)$ 的变化。$\mu(t)$ 无正负之分，为时间的偶函数，可展开为傅里叶级数，即

$$\mu(t) = \mu_{0\mathrm{m}} + \mu_{2\mathrm{m}}\cos 4\pi f_1 t + \mu_{4\mathrm{m}}\cos 8\pi f_1 t + \mu_{6\mathrm{m}}\cos 12\pi f_1 t + \cdots \tag{3.7}$$

式中：$\mu_{0\mathrm{m}}$ 为 $\mu(t)$ 的常值分量，$\mu_{2\mathrm{m}}$，$\mu_{4\mathrm{m}}$，…分别为各偶次谐波分量幅值。则感应电势 e 的展开式将出现奇次谐波分量。假设外界环境磁场为 H_0，则作用于磁芯轴向上的磁场除了激励磁场外还有外界磁场 H_0。通过激磁线圈产生的总磁场强度为 $H(t) = H_0 + H_{\mathrm{m}}\cos 2\pi f_1 t$。考虑外界磁场 H_0 时，式(3.6)变成如下所示：

$$e = 2\pi\times 10^{-8} f_1 \mu(t) NSH_{\mathrm{m}}\sin 2\pi f_1 t - 10^{-8}\frac{\mathrm{d}\mu(t)}{\mathrm{d}t}NSH_{\mathrm{m}}\cos 2\pi f_1 t - 10^{-8}\frac{\mathrm{d}\mu(t)}{\mathrm{d}t}NSH_0 \tag{3.8}$$

由于作用于磁芯轴向方向的外界磁场分量 H_0 比激励磁场强度的幅值 H_{m} 和磁芯饱和磁场强度 H_{s} 都小很多，可以忽略 H_0 对磁芯磁导率 $\mu(t)$ 的影响。

式(3.8)中的最后一项为外界磁场H_0所引起的感应电势e的增量$e(H_0)$。将磁芯磁导率$\mu(t)$的傅里叶级数形式代入,则

$$e(H_0) = -2\pi \times 10^{-8} f_1 NSH_{\mathrm{m}}(2\mu_{2\mathrm{m}}\sin 4\pi f_1 t + 4\mu_{4\mathrm{m}}\sin 8\pi f_1 t + 6\mu_{6\mathrm{m}}\sin 12\pi f_1 t + \cdots) \tag{3.9}$$

式(3.9)说明,只要铁芯磁导率随激励磁场强度而变,感应电动势中就会出现随环境磁场强度而变的偶次谐波增量。当铁芯处于周期性过饱和工作状态时,$e(H_0)$将显著增大。

磁通门电流传感器有不同的结构和产品设计,很难简单地比较它们的性能。通常来说,磁通门电流传感器有以下优点:零点和零点漂移低;分辨率和灵敏度高;测量范围宽,从几毫安到几千安;温度范围宽。同时也有局限性:低频磁通门电流传感器,带宽受限;有电压噪声回馈到一次电气电路的风险;在激励电压的频率点上,输出噪声大。

五、磁阻电流传感器

某些金属或半导体在遇到外加磁场时,其电阻值会随着外加磁场的大小发生变化,这种现象称为磁阻效应,电阻的变化量称为磁阻。磁电阻感应单元有不同的实现技术和构造形式,包括 AMR、GMR 和 TMR 等。磁电阻感应单元均设计成集成电路封装,体积小。

AMR 效应指对于有各向异性特性的强磁性金属,磁阻的变化是与磁场和电流间夹角有关的。当电流流过铁磁材料(比如坡莫合金)时,其电阻R大小与电流I方向和固有磁场M_0方向的夹角θ有关。当I与M_0垂直时,电阻R最小;当I与M_0平行时,电阻R最大。通过检测电阻的变化率$\Delta R/R$,可以间接测量被测电流。GMR 效应是指磁性材料的电阻率在有外磁场作用时比没有外磁场时存在巨大变化的现象。GMR 是一种量子力学效应,它产生于层状的磁性薄膜结构,这种结构是由铁磁材料薄层和非铁磁导电材料薄层叠合而成[14]。当铁磁层的磁矩相互平行时,材料电阻率最小。当铁磁层的磁矩为反平行时,材料电阻率最大。磁矩的方向受控于外磁场的变化。TMR 效应基于电子的自旋效应,指在铁磁—绝缘体薄膜(厚约 1nm)—铁磁材料中,其穿隧电阻大小随两边铁磁材料相对方向变化的效应。其实现架构类似于 GMR,由非常薄的绝缘层代替 GMR 结构中的非磁导电层。TMR 基本感应单元通过磁场的变化引起磁电阻变化,通过磁电阻变化间接测量被测电流。不同种类的磁电阻感应单元有不同的特性[15]。虽然 GMR、TMR 的电阻变化率比 AMR 大很多,但受限于$1/f$噪声、非线性和磁滞,GMR、TMR 的灵敏度和线性特性有待提升。

磁电阻电流传感器是基于磁电阻感应单元(AMR、GMR、TMR)测量电流的

大小和方向的一种电流传感器。当有电流流过时，电流产生的磁场引起磁阻改变，通过电压信号检出这个变化，可实现在一定电流范围内的线性检测。由于磁阻效应所引起的电阻增量一般较小，常将多个磁阻元件组成对称互补式或桥式电路以提高传感器的灵敏度。磁阻电流传感器具有结构简单、体积小巧、耐压高、频带宽、反应快和灵敏度高等优点，适合于对交直流的精确测量，以及需要对电路中过载和短路进行监控的场合。

六、罗哥夫斯基线圈

罗哥夫斯基线圈又称罗氏线圈、Rogowski 线圈、电流测量线圈，是根据电磁感应原理和安培环路定律计算得到电流。罗氏线圈往往采用将漆包线均匀地绕制在环形骨架上制成，骨架采用塑料或者陶瓷等非铁磁材料，相对磁导率与空气中的相对磁导率相同，这是罗氏线圈有别于带铁芯的电流互感器的一个显著特征。罗氏线圈工作原理如图 3.7 所示，圆柱形载流导线穿过空芯线圈的中心，两者的中心轴重合，空芯线圈上的漆包线绕组均匀分布，且每匝线圈所在的平面穿过线圈的中心轴。载流导线电流 I_P 的变化，引起罗氏线圈输出感应电压 U 的变化[17]：

$$U = -M\frac{\mathrm{d}I_P}{\mathrm{d}t} \tag{3.10}$$

式中：M 为互感系数，与空气磁导率 μ_0、线圈截面积 A、线圈匝数 N 和线圈的几何中心到电流排的距离 r 有关，即

$$M = \frac{\mu_0 NA}{2\pi r} \tag{3.11}$$

罗氏线圈感应出的感应电压通过积分器的处理后得出一次侧电流模拟量的输出。

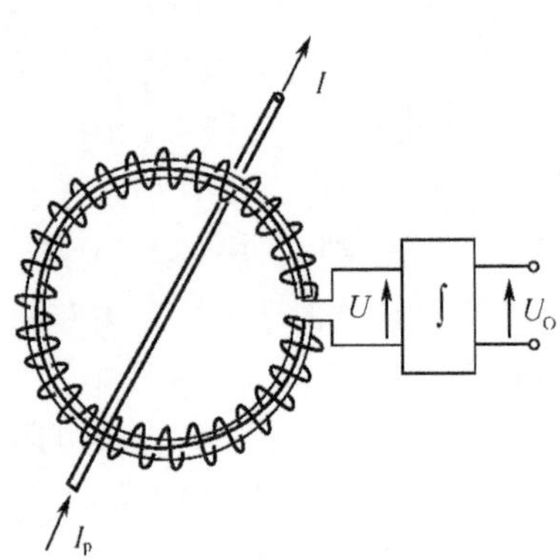

图 3.7 罗氏线圈工作原理

罗氏线圈和基于变压器原理的电流互感器一样,只能用来实现对交流电流的检测,但是它们的传感原理完全不同:电流互感器的二次侧输出信号为电流,拥有一定的承担负载的能力,其大小正比于被测电流的大小,其二次回路不能够开路工作;罗氏线圈的输出信号为弱电压信号,基本没有承担负载的能力,其大小正比于被测电流对时间的变化,其二次侧输出一般处于开路工作状态。罗氏线圈不含有铁芯,骨架中的磁感应强度与被测电流可始终保持线性关系,所以罗氏线圈不存在磁饱和问题,而且,一定频率下,罗氏线圈的输出电压信号随被测电流的增加而增加,对感应电势的处理和检测更为容易,所以,罗氏线圈在大电流或高频率电流测量中有着先天的优势。但是,线圈的输出电压取决于一次电流变化率,因为只有在磁场变化时才会产生电动势,所以不能用来测量电流中的直流分量;由于需靠磁场进行测量,因此这种类型传感器与电流互感器相比易受外界磁场干扰的影响,测量精度不高。使用时可通过减小多余回路面积、采用消除干扰的设计、加屏蔽等方法减少外界磁场干扰。

第三节　电流测量技术的应用

一、零磁通电流传感器测量原理

SP 系列变频功率传感器中电流敏感单元和 CS 系列新型零磁通电流传感器都是基于磁调制和磁平衡原理,依赖于磁材料的强非线性,其工作原理如图 3.8 所示。一次电流 I_P流过传感器产生一个磁通量,会被二次电流 I_S所抵消。任何残留

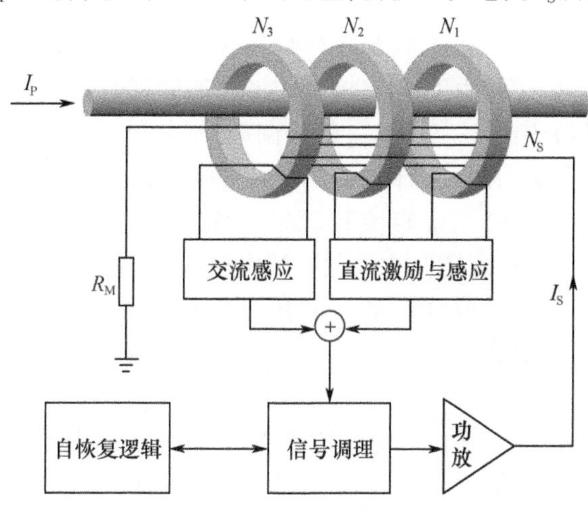

图 3.8　新型零磁通电流传感器的工作原理

未抵消的磁通都会被传感器内部的三个环形绕线磁芯(N_1、N_2、N_3)所检测出来。其中 N_1、N_2磁芯主要检测直流部分的剩磁,N_3主要负责交流的检测。

由于直流电流没有可测的电效应,为使系统能够"动"起来,首先需要构造一个交变电流 I_{ac}与直流输入电流 I_{dc}叠加,它们共同作用在非线性的磁材料上,即"磁调制"过程。设系统的响应函数为$f(I_{dc}+I_{ac})$,它是一个非线性方程,为简单起见,这里仅考虑到二次项,忽略更高阶,即形式为

$$f(x)=ax+bx^2 \tag{3.12}$$

"调制"过程可表述为

$$\begin{aligned}f(I_{dc}+I_{ac})&=a(I_{dc}+I_{ac})+b\,(I_{dc}+I_{ac})^2\\&=(a\cdot I_{dc}+b\cdot I_{dc}^2)+(a\cdot I_{ac}+b\cdot I_{ac}^2+2b\cdot I_{dc}\cdot I_{ac})\end{aligned} \tag{3.13}$$

由于直流电流没有可测电效应,式(3.13)中的前一部分没有作用,仅保留作用项,即

$$f(I_{dc}+I_{ac})=a\cdot I_{ac}+b\cdot I_{ac}^2+2b\cdot I_{dc}\cdot I_{ac} \tag{3.14}$$

式(3.14)中的最后一项 $2b\cdot I_{dc}\cdot I_{ac}$体现了直流电流的影响,即通过调制,非线性系统可以对直流电流做出响应,且非线性越强,即系数 b 越大,直流响应越强。如果是线性系统,系数 $b=0$,则不会响应直流电流。磁材料本身的 $B-H$ 特性是强非线性的。非线性系统的输出,不但包含了有用的直流电流信息,也包含了不需要的"调制"交流电流信息,整个系统的响应设计为与"调制"交流电流无关。即需要一个"解调"过程将不需要的"调制"交流电流信息去掉,即去掉项 $a\cdot I_{ac}$、$b\cdot I_{ac}^2$,还要将 $2b\cdot I_{dc}\cdot I_{ac}$项中的 I_{ac}化为常数。

最终形式为

$$f(I_{dc}+I_{ac})=a\cdot I_{dc} \tag{3.15}$$

图3.8"直流电流激励和感应"部分包含"调制"过程。采用两个反激的磁芯可抵消式(3.14)中的 $a\cdot I_{ac}$项。"信号调理"部分包含"解调"部分,解调部分需要低通滤波器配合,用以去掉式(3.14)中的 $a\cdot I_{ac}$项。这会造成 DC 支路信号带宽较低,此支路主要响应直流和低频交流输入。为拓展带宽,引入 AC 支路,即第三个磁芯"交流感应",中高频交流电流输入主要靠此支路感应。"信号调理"部分的输出经过功放电路放大,输出电流 I_S,抵消掉输入电流 I_P 产生的磁通,平衡时达到零磁通状态,即

$$I_P:I_S=N_S:1 \tag{3.16}$$

式中:N_S为变比。输入与输出电流之比等于绕组匝比,与其他因素,如温度变化等无关。式(3.16)对直流成立,对一定频率范围内的交流电流同样成立,响应频率可实现几百千赫到兆赫量级。因此,传感器具备宽频工作特性,工作频率可从直流一直到兆赫量级。

自恢复逻辑电路实时监测传感器的工作状态，当它监测到异常状态时，接管系统工作，电路进入扫描状态，试图寻找零磁通状态。一旦扫描到零磁通状态，则退出工作，将控制权交回，此时电路工作在正常状态。

由于磁通几乎被完全封闭在环形铁芯中，有效磁导率非常高，漏磁非常少，加上系统很高的开环环路增益，式(3.16)在很高的精度上成立，一般可达10^{-6}量级。这样的高精度带来多方面的好处，一是电流测量动态范围非常宽，单一传感器可从毫安量级一直覆盖到千安量级；二是可以实现非常大的电流变比，N_S取值可高达1000～10000或更高。并且，磁通状态受电流母线的相对位置、温度、外部电磁干扰等环境影响非常轻微，一般在10^{-6}量级附近。输出电流信号I_{out}可通过高精度负载电阻R_m转换为电压$V = I_{out} \cdot R_m$，用于进行测量。

二、实验结果

1. 大电流测量结果

采用HL23－10标准电流互感器对SP103102型变频功率传感器电流通道进行测量，额定电流2000A，额定电压为15000V，额定频率为50Hz。测量结果如表3.1所列。

表3.1　SP103102型变频功率传感器大电流测量结果

量程/A	标准值/A	测量值/A	相对误差/%
2000	200	199.78	0.110
	400	400.05	0.012
	600	599.82	0.030
	800	799.70	0.037
	1000	999.51	0.049
	1500	1498.2	0.12
	2000	1997.6	0.12

由测量结果来看，SP103102型变频功率传感器在2000A的量程范围内，测量精度非常高，可达0.12%。

2. 不同频率下的电流测量结果

采用FLUKE 5720A高精度校准仪对SP112201型变频功率传感器电流通道进行测量，SP112201型变频功率传感器的额定电流为200A，额定电压为1140V。其测量结果如表3.2所列。

表 3.2 SP112201 型变频功率传感器电压通道不同频率下电压校准结果

频率/Hz 标准值/V	10		50		100		200		400	
	测量值/V	相对误差/%	测量值/V	相对误差/%	测量值/V	相对误差/%	测量值/V	相对误差/%	测量值/V	相对误差/%
2	1.9988	-0.06	1.9989	-0.06	1.9998	-0.01	2.0016	0.08	2.0020	0.1
5	5.0012	0.02	4.9987	-0.03	5.0008	0.02	5.0034	0.07	5.0045	0.09
10	9.9971	-0.03	9.9983	-0.02	10.002	0.02	10.006	0.06	10.009	0.09
20	20.011	0.05	19.996	-0.02	20.002	0.01	20.010	0.05	20.016	0.08

由结果来看,SP112201 型变频功率传感器在频率 10～400Hz 的范围内,测量的电流在 2～20A 的范围内,测量精度非常高,可达 0.1%。

参考文献

[1] 和劭延,吴春会,田建君. 电流传感器技术综述[J]. 电气传动,2018,48(1):65-75.

[2] 陈庆. 基于霍尔效应和空芯线圈的电流检测新技术[D]. 武汉:华中科技大学,2008.

[3] Vettoliere A, Granata C , Ruggiero B. An Ultra High Sensitive Current Sensor Based on Superconducting Quantum Interference Device[C]//Rome. AISEM national conference on sensors and microsystems,2011,(36):25-28.

[4] 贾雅娜,王文. 基于磁致伸缩效应的声表面波电流传感器敏感机理分析[J]. 传感技术学报,2017,30(9):1310-1317.

[5] 希芳,王君. 地学传感器原理与应用[M]. 北京:地质出版社,1993.

[6] 徐伟专,等. 变频电量测试与计量技术 500 问[M]. 北京:国防工业出版社,2019.

[7] 张华伟,孙越强. 几种非侵入式电流测量技术[J]. 现代电子技术,2005,28(21):80-83.

[8] 庞丹丹,隋青美,姜明顺. 光学电流传感器系统方案和工作原理[J]. 光通信技术,2011,35(5):36-39.

[9] 娄凤伟. 光学电流传感器的现状与发展[J]. 电工技术杂志,2002,6:11-14.

[10] 王政平,等. 块状光学材料电流传感器研究新进展[J]. 激光与光电子学进展,1999,8:1-6.

[11] 焦斌亮,王朝晖,郑绳楦. 用于消除振动影响的光纤电流传感器结构[J]. 中国激光,2004,31(4):469-472.

[12] Lenz J,Edelstein A S. Magnetic Sensors and Their Applications[J]. IEEE Sensors Journal,2006,6(3):631-649.

[13] 张学孚,陆怡良. 磁通门技术[M]. 北京:国防工业出版社,1995.

[14] Caruso M J, Smith C H, Bratland T. A New Perspective on Magnetic Field Sensing[J]. Sensors, 1998, 15(12): 34 - 45.

[15] 韩秀峰,刘厚方,张佳. 新型磁性隧道结材料及其隧穿磁电阻效应[J]. 中国材料进展,2013,32(6): 339 - 353.

[16] Ziegler S, Woodward R C, Herbert Ho - Ching Iu, et al. Current Sensing Techniques: A Review[J]. IEEE Sensors Journal, 2009, 9(4): 354 - 376.

[17] 朱志杰,朱健,车琳娜. 基于 Rogowski 线圈的交流电流测量[J]. 低压电器,2004,(3): 45 - 49.

第四章　功率测量技术与应用

功率指物体在单位时间内所做的功的多少，即功率是描述做功快慢的物理量。功率可分为电功率、机械功率等。

电功率是指电流在单位时间内做的功，是用来表示消耗电能快慢的物理量，用 P 表示，单位是瓦特，简称“瓦”，符号是 W。

电功率测量是对被测设备或部件消耗功率进行测试考核。随着节能减排上升到国家战略规划层面，能效评测是目前相关设备一个重要的考核项目，而电机及驱动电机系统是节能减排的重要组成部分。电机能效提升计划也将变频调速技术作为驱动电机系统节能改造技术指南中的关键技术之一，工程师们千方百计地希望通过降低功耗和减少损耗来提升产品的效率，提高设备能效。因此，如何精准测量电功率成为从设计到生产再到现场作业质量控制中的重要研究课题。

本章主要介绍电功率及其测量技术，首先简单介绍功率测量研究现状，接着分析功率的测量原理及计算方法，并给出影响功率测量的因素，最后给出功率测量应用案例。

第一节　功率测量研究现状

电功率包括直流电功率、交流电功率和射频功率，交流电功率又包括正弦电路功率和非正弦电路功率。在非正弦电路中，无功功率又可分为位移无功功率、畸变无功功率，两者的二次方和根称为广义无功功率。电功率还可分为瞬时功率、平均功率（有功功率）、无功功率、视在功率。在电学中，不加特殊声明时，功率均指有功功率。

传统的功率测量主要针对工频或中频正弦波，一般采用互感器、电压表、电流表、功率计就能满足要求，测试设备众多，技术成熟，在波形畸变较小时，可以获取标称的测量精度。但随着现代电力电子技术的高速发展，变频器、逆变器、变流器等电力电子能源转换装置应用日益广泛。家用的电风扇、空调、冰箱、新能源汽车、高铁、各种军用舰船、大国象征的航母等，均采用了变频调速技术。该类设备的输出电压电流波形如图 4.1 所示，电流为非工频、正弦电量，电压为非工频、非正弦电量，也就是我们统称的“变频电量”。

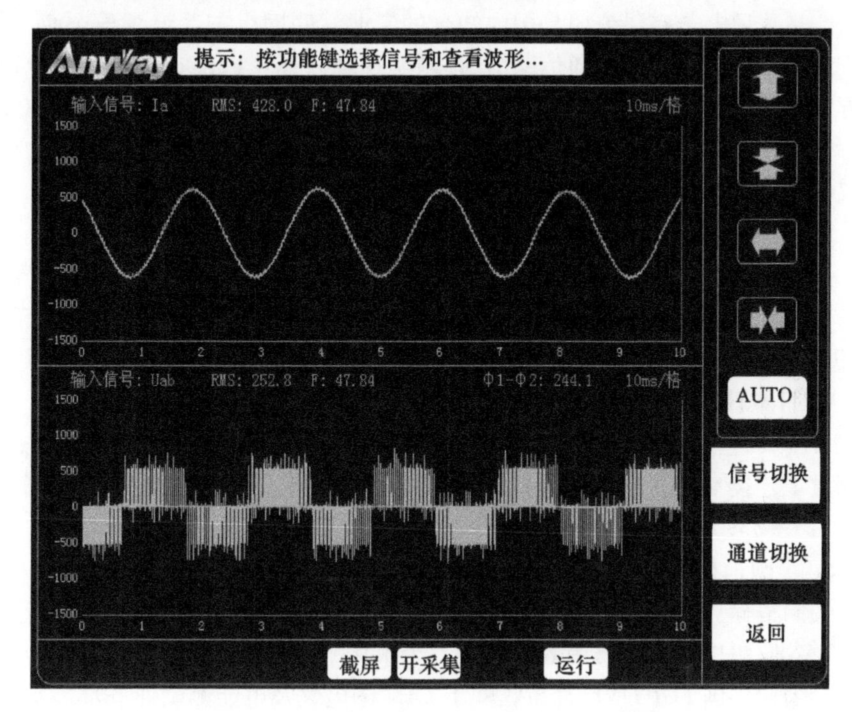

图 4.1　变频调速设备输出的电压和电流波形

这类信号的特点是谐波含量丰富、频率变化、信号不规则、高畸变，采用传统的仪表对其进行测量会产生较大的误差，甚至出现测量结果完全错误的情况。要想获取准确的功率测量结果，就必定对传感器和功率分析仪提出全新的要求。从传感器要求上，需要可以满足交直流测量，并且有较宽带宽的电压和电流传感器，典型的如变频功率传感器、霍尔传感器等；从功率分析仪要求来说，需要支持交流采样和傅里叶分析，以分离出基波和各次谐波参量。此时，传统的测量方法和功率(表)计产品已经不再适用，功能强大的功率分析仪成为较好的选择。

一、主流功率分析仪生产商

1. 湖南银河电气有限公司

湖南银河电气有限公司专业从事变频电量测试与计量的研究，致力于提供行业测控整体解决方案及核心测控产品。产品包括 WP 系列变频功率分析仪、EV4000 新能源汽车动力系统测试仪、CS 系列新型零磁通电流传感器、ANYWAY

系列变频功率标准源等。

2. 广州致远电子有限公司

广州致远电子有限公司是国内知名的工业互联网生态系统领导企业，专注于工业领域，从数据采集、通信网络、控制实现到云计算提供有竞争力的专业解决方案。功率分析仪全系列产品有：ZMT6000 新能源汽车检测仪、PA2000mini 功率分析仪（便携式）、PA5000H 功率分析仪（企业级高带宽）、PA6000H 功率分析仪（企业级高精度）以及 2015 年发布的 PA8000 功率分析仪（认证级）等。

3. 日本横河

日本横河作为一个全球著名的测量、工业自动化控制和信息系统的领导者，测量仪器事业是其核心业务之一。目前的功率分析方面核心产品有 WT5000、WT3000E、WT1800E、PX8000、WT300E、WT500 等多款功率测量分析设备。

4. 日本日置

日本日置自 1935 年成立以来，经过不断的发展壮大，现已确立了在先进测试测量工艺技术研发及制造领域的国际性重要地位。目前日置主流功率测试产品包括 PW3390、PW6001、PW3335、PW3336、PW3337 等。

5. 美国福禄克

美国福禄克是行业的佼佼者，是美国 500 强 FORTIVE 集团下属全资子公司，以精准、耐用、安全、易用等特点取胜于市场，备受用户赞赏。2005 年初福禄克的母公司美国 FORTIVE 宣布收购了 LEM 的电气及电能测试业务部。其宽频功率分析仪有 2 款产品：NORMA 4000 和 NORMA 5000。

6. 德国 GMC

德国 GMC 产品包括光伏测试仪、安规测试仪、功率分析仪、电能质量分析仪等。功率分析仪有 LMG450、LMG610、LMG640、LMG671。

二、功率分析仪产品技术指标现状

功率分析仪产品技术指标可以从通道数、采样率、带宽、精度、挡位、测量范围等方面分析。

1. 通道数

目前功率分析仪主要有 4 通道、6 通道两种配置模式，少数配置为 7 通道。但是随着 12 通道以上复杂多通道功率测试系统的需求越来越大，多台同步测量技术也应运而生。采用有效同步手段保障多台功率分析仪可靠同步测试，通道数不再受限。

2. 采样率

目前功率分析仪普遍标称采样频率高达 5MHz，甚至更高标称 10MHz 采样频率。受数据处理能力限制,多采用变采样技术,实际采样率为基波频率的整数倍,在低频测试区间,采样率低,高频测试区间,采样率高,难以满足常用测试频率范围内采样需求,在低频测试工况下甚至出现较大偏差。对于少数采用定采样技术的仪表则不会出现这种情况,在其标称的采样频率范围内均能真实有效地反映数据特征。

3. 带宽

大部分功率分析仪采用变采样技术,采样率为基波频率的整数倍。根据采样定理可知,带宽与基波频率也呈现类似的函数关系。在低频测试区间,有效带宽窄,高频测试区间,有效带宽宽,难以满足常用测试频率范围内带宽需求。对于少数采用定采样技术的仪表,具有固定有效带宽,在固定有效带宽内均能有效满足测试需求。

4. 精度

精度是所有仪表的一个关键技术参数,也是用户极为关心的技术参数。目前功率分析仪精度均采用最优精度宣传,如某款功率分析仪仪表精度标称为±(0.01%读数+0.02%量程),而此精度只有在标准温度23℃、功率因数为1、输入为正弦波、滤波器关闭等条件限制下才可能成立,实际使用测试精度难以保障。也有某些采用相对精度标称仪表,可以有效保障在宽幅值范围、宽频率范围内精度均成立。

5. 挡位

多量程换挡是保障宽范围、高精度的可靠技术保障,目前功率分析仪均配置有多个量程挡位,以保证宽量程测试范围内的仪器测试精度。但是目前多数功率分析仪表在换挡过程中采样不连续,换挡过程可能导致关键数据丢失,一种无缝自动量程转换技术的出现有效解决了这个问题,无缝自动量程转换技术采用电子开关换挡,换挡过程采样不中断,有效保障连续高精度测试。

6. 测量范围

测量范围决定了功率分析仪表的应用场景,目前常规功率分析仪表最高测试电压为1000V、最高测试电流为50A,多数大功率测试应用场合必须外接电压、电流传感器以扩展测试范围。而外接传感器的方式存在诸多问题,如误差由电压、电流传感器复合误差构成,系统精度降低;电压、电流传感器二次输出信号的匹配;传输线路的损耗及抗干扰能力等。一种领先的大仪器技术功率分析仪的出现,有效地解决了这些问题,这种仪表采用数字光纤信号传输功率单元与二次分析仪组合为有机整体,功率单元可以根据需求配置各种电压或电流等级,满足各种不同应用测试场合。

第二节　功率的测量原理及计算方法

一、功率的测量原理

功率的测量一般通过电压、电流传感器分别对输入的电压和电流信号进行测量，并获取电压、电流的相关特征值，再利用这些特征值依据相关算法获取有功功率、无功功率、视在功率等参量，如图 4. 2 所示。

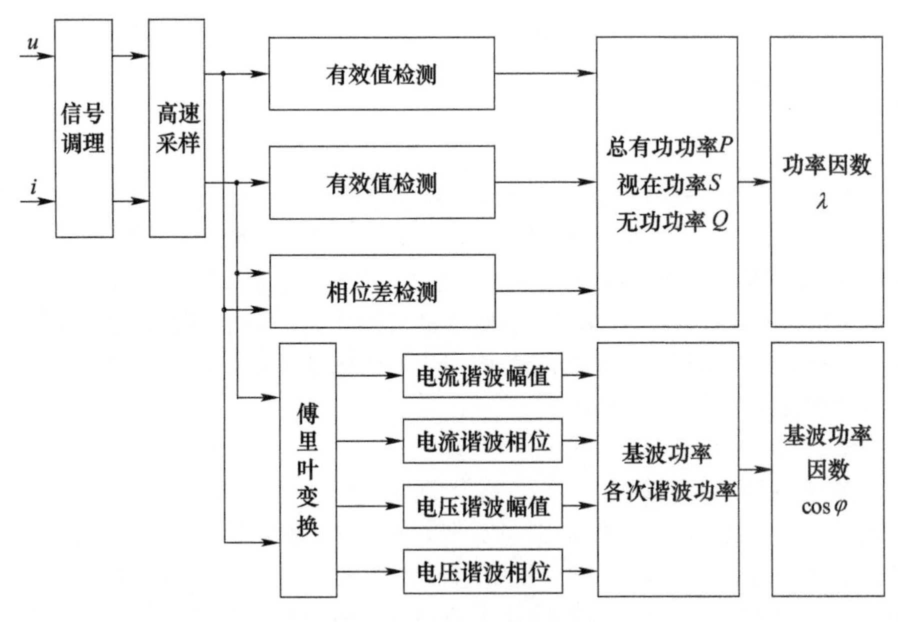

图 4. 2　功率测量原理

目前普遍采用的功率测量原理主要有相位法和模拟乘法器法两种。

1. 相位法

这种测量方式是通过有效值测量电路获取电压、电流值，通过相位测量电路测量电压和电流的相位差，再根据正弦电路有功功率计算公式 $P = UI\cos\varphi$ 计算获取有功功率。

由于有功功率计算公式 $P = UI\cos\varphi$ 是在正弦电路技术上推导出来的，因此该方法只适用于正弦电路的有功功率测量。

另外，由于相位测量电路通常采用过零检测法，而交流电零点附近不可避免地会有一定的毛刺，因此，相位测量精度较低。在低功率因数下的功率测量准确度亦较低，必须采用适用于低功率因数工况下的测试仪表才能保证有功功率测量的准确度。

2. 模拟乘法器法

采用模拟乘法器获取电压、电流的乘积，得到瞬时功率，再用固定的时间对瞬时功率进行积分，即可获得瞬时功率的平均值 $P=\frac{1}{T}\int_0^{\mathrm{T}}u(t)i(t)\mathrm{d}t$，也就是有功功率，如图 4.3 所示。该方法适用于任意波形电量的有功功率测量。

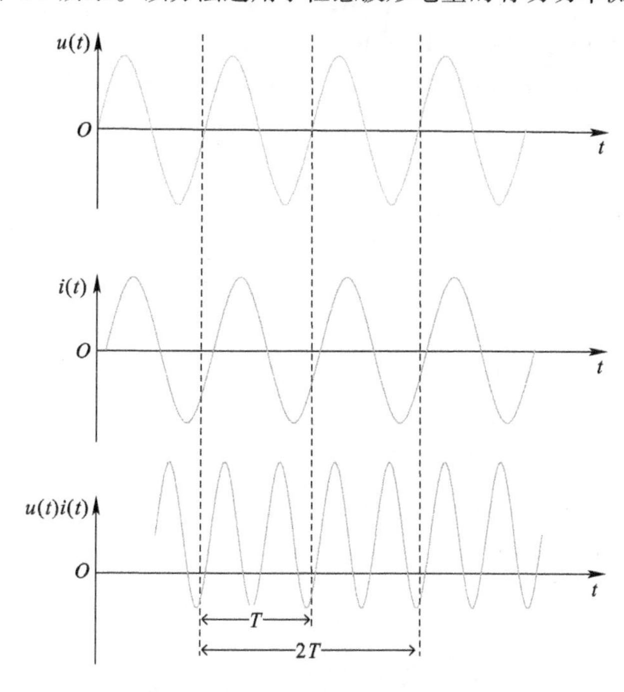

图 4.3　模拟乘法器法测量有功功率

图 4.3 中，$u(t)$ 为更新周期内采集的电压信号数据（瞬时数据）；$i(t)$ 为更新周期内采集的电流信号数据（瞬时数据），$u(t)$ 和 $i(t)$ 为同一时刻的采样数据。

二、二瓦计法与三瓦计法

在实际三相电路的功率测量中，主要应用的测量方法有二瓦计法和三瓦计法两种，一瓦计法主要适用于电压、负载对称的系统，实际测试工况中基本不会出现这样的情况，因此不做分析。

对于不同的接线方式场合，应选择恰当的功率测量方式，才能得到准确的功率参数。但是由于部分使用者对于这两种方法适用的场合不够清晰，因此在选择测试设备进行三相功率测试时，极易造成混淆，从而导致选择了错误的测量方法,得出错误的结果。那么究竟在什么样的情况下使用二瓦计法,什么样的情况下采用三瓦计法进行三相功率的测量呢?

1. 二瓦计法

二瓦计法的理论依据是基尔霍夫电流定律,即在集总电路中,任何时刻,对任意节点,所有流入流出节点的支路电流的代数和恒等于零。即

$$i_A + i_B + i_C = 0 \tag{4.1}$$

式中:i_A、i_B、i_C 分别为三相电流瞬时值。

假设三相负载的中线为 N,依据电压的定义,有

$$u_{AB} = u_{AN} - u_{BN}, u_{CB} = u_{CN} - u_{BN} \tag{4.2}$$

则三相瞬时功率为

$$p = u_{AN} \cdot i_A + u_{BN} \cdot i_B + u_{CN} \cdot i_C \tag{4.3}$$

根据基尔霍夫电流定律以及电压定义变换得到

$$p = u_{AN} \cdot i_A + u_{CN} \cdot i_C \tag{4.4}$$

采用有效值表示为

$$P = U_{AB} \cdot I_A \cdot \cos \varphi_{AB} + U_{CB} \cdot I_C \cdot \cos \varphi_{CB} \tag{4.5}$$

式中:U_{AB}、U_{CB}为正弦电压的有效值;I_A、I_C为正弦电流的有效值,φ_{AB}为 U_{AB}和 I_A 的相位差;φ_{CB}为 U_{CB}和 I_C的相位差。

从变换的公式中可以看出,采用这种方法进行三相总功率测量时,只需要测量两个电压和两个电流,可以节省一块功率表,这就是二瓦计法的推导原理及由来。使用二瓦计法测量时,三相电路总功率等于两块功率表的功率之和,但每块功率表测量的功率本身无物理意义。

二瓦计法测量接线示意如图 4.4 所示。

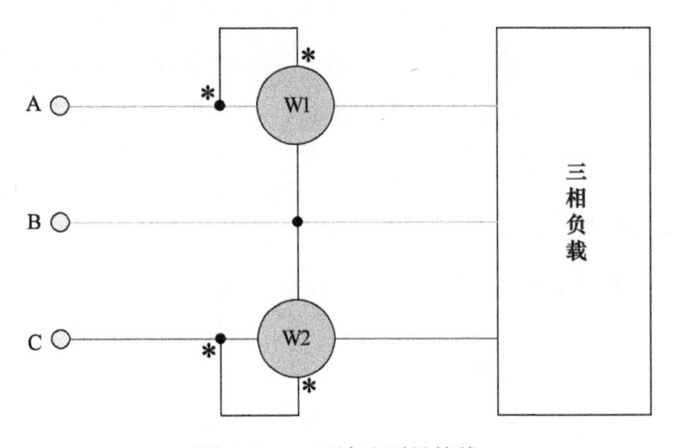

图 4.4 二瓦计法测量接线

二瓦计法适用场合：由于二瓦计法的理论依据是基尔霍夫电流定律，适用于在三相回路中只有三个电流存在的场合，如：

（1）三相三线制接法中线不引出（只能采用二瓦计法）；

（2）三相三线制接法中线引出但不与地线或试验电源相连的场合，与负载是否对称无关。

2. 三瓦计法

三瓦计法需要将中性点作为电压的参考点，分别测量出三相负载的相电压、相电流，那么三相电路的总功率为三个单相电路的功率之和，每块功率表测量的功率就是单相功率。

如果以瞬时值表示，即 $p_A = u_A \cdot i_A, p_B = u_B \cdot i_B, p_C = u_C \cdot i_C$，那么三相瞬时功率 $p = p_A + p_B + p_C$，则三相平均功率为

$$P = U_A \cdot I_A \cdot \cos \varphi_A + U_B \cdot I_B \cdot \cos \varphi_B + U_C \cdot I_C \cdot \cos \varphi_C \tag{4.6}$$

式中：φ_A、φ_B、φ_C 分别为 U_A和 I_A、U_B和 I_B、U_C和 I_C的相角差。

三瓦计法测量接线示意如图 4.5 所示。

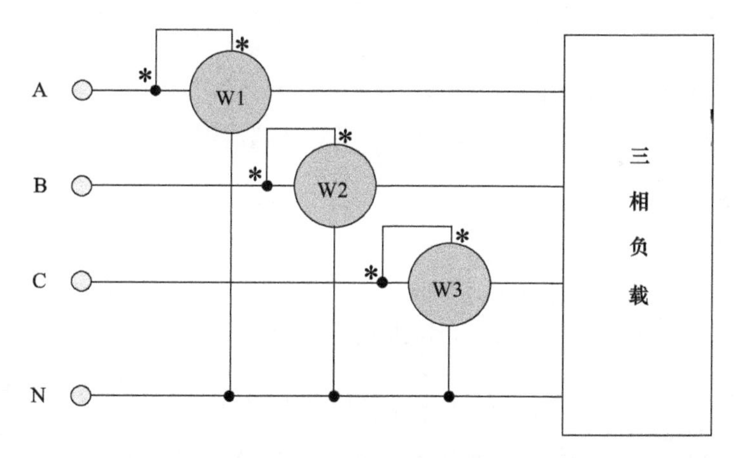

图 4.5　三瓦计法测量接线

三瓦计法适用场合：瓦计法由于需要采用中性点作为电压的参考点，因此适用于如下场合：

（1）三相三线制中性线引出，但中性线不与电源或地线连接的场合；

（2）三相四线制场合，由于无法判断三相负载是否平衡或是否在中性线上有零序电流产生，只能采用三瓦计法。

3. 使用误区

误区一：二瓦计法只适合于三相对称电路的功率测量。

这种说法显然是不正确的。首先不通过测量，无法判断三相负载是否处于

对称状态；其次，如果三相负载完全对称，那么只需要一个功率表（比如 P_A）就可得出三相总功率，即 $P=3P_A$，二瓦计法也失去了意义。

误区二：用二瓦计法测量三相四线制的总功率。

由于三相四线制有四个电流（i_A、i_B、i_C和零序电流），而二瓦计法依据的是基尔霍夫电流定律，在三相回路中，三相电流矢量之和必须等于零。但是在三相四线制回路中，会产生零序电流分量，使得 $i_A+i_B+i_C\neq 0$，这时，三相电流的矢量和也就是零序电流的大小。因此，二瓦计法不适用三相四线制的总功率测量，应采用三瓦计法。

三、功率的计算方法

以下列出几种工况下常用的功率计算方法。

1）普适功率计算公式

在电学中，下述瞬时功率计算公式普遍适用：

$$p(t)=u(t)i(t) \tag{4.7}$$

在力学中，下述瞬时功率计算公式普遍适用：

$$p(t)=F(t)v(t) \tag{4.8}$$

式中：F 为牵引力；v 为瞬时速度。

在电学和力学中，下述平均功率计算公式普遍适用：

$$P=\frac{W}{T} \tag{4.9}$$

式中：W 为在时间 T 内做的功。在电学中，上述平均功率 P 也称为有功功率，式(4.9)作为有功功率计算公式普遍适用。

在电学中，式(4.9)还可用下述积分方式表示：

$$P=\frac{1}{T}\int_{-\frac{T}{2}}^{\frac{T}{2}}u(t)i(t)\,\mathrm{d}t \tag{4.10}$$

式中：T 为周期交流电信号的周期、或直流电的任意一段时间、或非周期交流电的任意一段时间。电学中，式(4.9)和式(4.10)的物理意义完全相同。

在电学中，对于二端元件或二端电路，下述视在功率计算公式普遍适用：

$$S=UI \tag{4.11}$$

2）直流电功率计算公式

已知电压、电流时，功率为

$$P=UI \tag{4.12}$$

已知电压、电阻时，功率为

$$P=\frac{U^2}{R} \tag{4.13}$$

已知电流、电阻时，功率为

$$P = I^2R \tag{4.14}$$

针对直流电路，图 4.6 分别列出了电压、电流、功率、电阻之间相互换算关系。

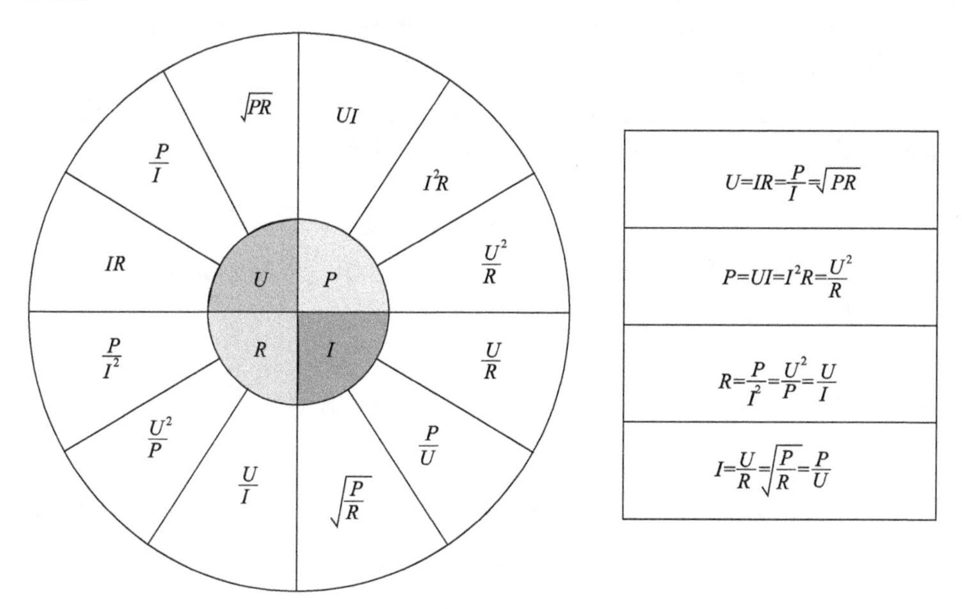

图 4.6　直流电路相关参量换算关系

3）正弦交流电功率计算公式

正弦交流电无功功率计算公式为

$$Q = UI\sin\varphi \tag{4.15}$$

式中：φ 为电压和电流的相角差。

正弦交流电有功功率计算公式为

$$P = UI\cos\varphi \tag{4.16}$$

正弦交流电路中的有功功率、无功功率和视在功率三者之间是直角三角形的关系，大小满足勾股定理

$$S^2 = P^2 + Q^2 \tag{4.17}$$

当负载为纯电阻时，下式成立

$$Q = 0, P = S \tag{4.18}$$

此时，直流电功率计算公式同样适用于正弦交流电路。

4）非正弦交流电功率计算公式

非正弦交流电功率计算公式采用普适式（4.9）或式（4.10），对于周期非正

弦交流电,将周期交变电压电流进行傅里叶变换,展开为傅里叶级数,有功功率计算公式还可表示为

$$P = \sum_{n=0}^{\infty} U_n I_n \cos \varphi_n = \sum_{n=0}^{\infty} P_n \tag{4.19}$$

当 n 仅取一个值时,例如:$n=1$,式(4.19)为基波有功功率计算公式;$n=3$ 时,式(4.19)为3次谐波有功功率计算公式。

在非正弦电路中,有功功率和视在功率的定义不变,但此时电压、电流有效值的相位差已经没有明确的物理意义。此时 Q 按照下述公式定义

$$Q = \sum_{n=0}^{\infty} U_n I_n \sin \varphi_n = \sum_{n=0}^{\infty} Q_n \tag{4.20}$$

式中:U_n、I_n 分别为第 n 次谐波电压和电流的有效值。当 $n=1$ 时,U_1、I_1 称为基波有效值。但此时

$$S^2 \neq P^2 + Q^2 \tag{4.21}$$

由于 Q 与基波及谐波电压、电流的相位角相关,称为位移无功功率。为此,引入畸变无功功率 D,有时也称畸变功率,计算公式如下:

$$D = \sqrt{\sum_{k=1,k\neq j}^{N} \sum_{j=1}^{N} \left[U_k^2 I_j^2 - U_k I_k U_j I_j \cos(\varphi_k - \varphi_j) \right]} \tag{4.22}$$

式中:N 为电压、电流最大谐波次数中的小者。某些文献中也将 Q 称为无功功率,而将 Q 和 D 的方和根称为广义无功功率。

对比位移无功功率计算公式(4.21)和畸变无功功率的计算公式(4.22),可以发现:Q 是相同频率的电压分量与电流分量相位移不同产生的无功;而畸变无功功率则是不同频率电压及电流分量之间产生的无功。这一点很容易理解,前者是因为相同频率分量之间存在相位差。而后者由于频率不同,其相位差始终在变化,当然不会相等,而电压和电流相位不同,就会产生无功。

非正弦电路中,视在功率 S、有功功率 P、位移无功功率 Q、畸变无功功率 D 满足下述计算公式:

$$S^2 = P^2 + Q^2 + D^2 \tag{4.23}$$

5) 三相有功功率计算公式

三相电路中,总有功功率等于各相有功功率的算术和。三相四线制电路中,通常采用三瓦计法分别测量每相的功率,三相有功功率计算公式如下:

$$P = P_A + P_B + P_C \tag{4.24}$$

对于三相三线制电路,也可采用二瓦计法,三相总功率计算公式为

$$P = P_{AB} + P_{CB} = P_{CA} + P_{BA} = P_{BC} + P_{AC} \tag{4.25}$$

对于正弦三相对称电路,有功功率为

$$P=\sqrt{3}UI\cos\varphi \tag{4.26}$$

式中：U、I 为线电压、线电流的有效值；φ 为相电压与相电流的相位差。或

$$P=3U_{\mathrm{p}}I_{\mathrm{p}}\cos\varphi \tag{4.27}$$

式中：U_{p}、I_{p} 分别为相电压、相电流的有效值；φ 为相电压与相电流之间的相位差。

6）三相无功功率计算公式

在电源和负载都对称的三相三线电路中，可以利用测量有功功率的两表法测出三相无功功率，即

$$Q=\sqrt{3}(P_1-P_2) \tag{4.28}$$

式中：P_1、P_2 分别为两个功率表的测量数据。

三表法适用于电源电压对称、负载对称或不对称的三相三线制和三相四线制电路，即

$$Q=\frac{1}{\sqrt{3}}(P_1+P_2+P_3) \tag{4.29}$$

式中：P_1、P_2、P_3 分别为三个功率表的测量数据。

四、变频电量的有功功率测量

变频电量的有功功率测量一般包括基波有功功率（简称基波功率）、谐波有功功率（简称谐波功率）、总有功功率等，相比工频功率计而言，其功能较多，技术较复杂，一般称为变频功率分析仪或宽频功率分析仪。

第一章第一节提到过对变频电量定义：①信号频谱仅包含一种频率成分，而频率不局限于工频的交流电信号；②信号频谱包含两种及以上被关注频率成分的电信号。对于第①类变频电量，有功功率计算式（4.9）或式（4.10）仍然适用。对于第②类变频电量，只能采用式（4.10）来计算有功功率。除了变频器输出的PWM波，二极管整流的变频器输入的电流波形、直流斩波器输出的电压波形、变压器空载的输入电流波形等，均含有较大的谐波，都属于第②类变频电量。

第②类变频电量的频率成分复杂，采用普通的工频电量测试系统无法得到正确的测试结果。建议采用变频电量专用测试设备，采用频域分析法，将被测信号离散数字化，然后进行傅里叶变换后分析出基波及各次谐波，再计算得到最终测试结果。目前市面上的主要测试设备有变频电量传感器、变频电量功率分析仪等。

变频功率分析仪可以作为工频功率分析仪使用，除此之外，一般还需满足下述要求：

（1）满足必要的带宽要求，并且采样频率应高于仪器带宽的2倍。

(2) 要求分析仪在较宽的频率范围之内,精度均能满足一定的要求。

(3) 具备傅里叶变换功能,可以分离信号的基波和谐波。

第三节 影响功率测量的因素

一、影响因素分析

式(4.16)给出了正弦电路中有功功率的计算公式:$P = UI\cos\varphi$。在实际测量中,U、I 和 φ 都会有误差,假设它们的绝对误差分别为 ΔU、ΔI 和 $\Delta\varphi$(以弧度为单位)。由此引起功率的绝对误差为 ΔP,则

$$\Delta P = \frac{\partial P}{\partial U}\Delta U + \frac{\partial P}{\partial I}\Delta I + \frac{\partial P}{\partial \varphi}\Delta\varphi = I\cos\varphi \cdot \Delta U + U\cos\varphi \cdot \Delta I + UI\sin\varphi \cdot \Delta\varphi \tag{4.30}$$

整理式(4.30)得到

$$\frac{\Delta P}{P} = \frac{\Delta U}{U} + \frac{\Delta I}{I} + \tan\varphi \cdot \Delta\varphi \tag{4.31}$$

式中:$\Delta P/P$、$\Delta U/U$、$\Delta I/I$ 分别为 P、U、I 的相对误差(以下简称比差),分别用 E_P、E_U、E_I 替代;$\Delta\varphi$ 为相位差 φ 的误差,用 E_φ 表示(以下简称角差),则根据误差传递理论,可得

$$E_P = E_U + E_I + \tan\varphi \cdot E_\varphi \tag{4.32}$$

由式(4.32)可见,影响功率测量精度的主要因素为电压/电流传感器的比差以及角差。

二、传感器比差对功率测量的影响

传感器比差是指传感器测量电压(电流)时所产生的误差,它是由于实际电压(电流)比与额定电压(电流)比不相等造成的。

电流误差的百分数表示为

$$E_I\% = \frac{K_n I_S - I_P}{I_P} \times 100 \tag{4.33}$$

式中:K_n 为额定电流比;I_P 为实际一次电流;I_S 为在测量条件下流过 I_P 时的实际二次电流。

电压误差的百分数表示为

$$E_U\% = \frac{K_n U_S - U_P}{U_P} \times 100 \tag{4.34}$$

式中:K_n 为额定电压比;U_P 为实际一次电压;U_S 为在测量条件下施加 U_P 时的实

际二次电压。

E_U、E_I 即为电压、电流传感器比差。分析对于功率测试的影响，由式(4.31)可知，电压和电流的相对误差会直接叠加到功率的相对误差之上。如电压传感器比差为0.2%，电流传感器比差为0.3%，满量程测试时电压传感器、电流传感器比差对功率测试产生的误差为0.2% +0.3% =0.5%。

三、传感器角差对功率测量的影响

角差也称相位差，国家标准 GB20840.1 - 2010 - 2006 中对电流互感器相位差描述如下：相位差一次电流相量与二次电流相量的相位差，相量方向是按理想互感器的相位为零来选定的，若二次电流相量超前一次电流相量，则相位差为正值，通常用分(')表示[4]。DB43/T 879.1—2014 标准中对角差的描述如下：对于电压(电流变送器)，是指在参考频率下，一次电压(电流)信号与二次电压(电流)信号的相位之差[5]。对于功率变送器，角差是指在参考频率下，一次电压与电流的相位差与二次电压和电流相位差的差值。

从式(4.32)可知，右边第三项 $\tan\varphi \cdot E_\varphi$(记为 E_{P_φ})等于相位差的正切值与角差的乘积，具体数值与相位角 φ 密切相关。功率表角差对功率相对误差的影响程度与 $\tan\varphi$ 有关，且与正切曲线在 φ 处的斜率成正比。一般称 $\tan\varphi$ 为功率表角差误差传递系数，而称 E_{P_φ} 为功率表角差引起的误差分量。

图4.7为正切函数曲线，由图可知：正切曲线在 $x=0$ 时，其斜率为0；而在 $x=\pm\frac{\pi}{2}$ 时，其斜率为无穷大。

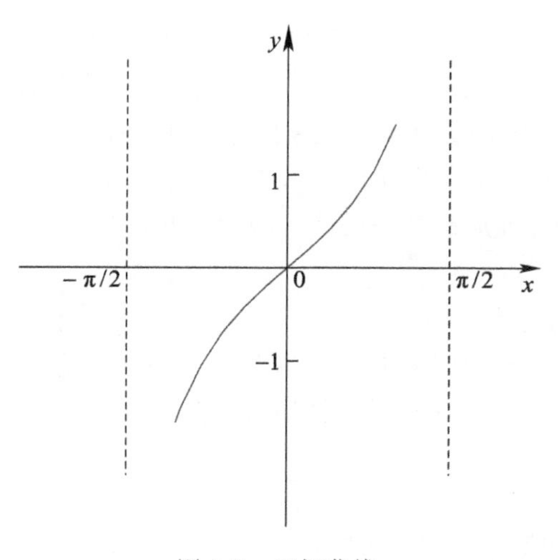

图4.7　正切曲线

即当 $\varphi=0°$或 180°时，$\cos\varphi=\pm1$，$\tan\varphi=0$，功率测量准确度几乎不受角差的影响。当 $\varphi=90°$或 270°时，$\cos\varphi=0$，$\tan\varphi=\pm\infty$，任何非无穷小的角差，都会导致无穷大的功率误差。换言之，功率因数为零时，功率无法准确测量。实际应用中，一般不会遇到功率因数为零的情况，因此，考察功率因数较小时的功率测量准确度更有现实意义。显然，功率因数越低，相同的角差对功率测量准确度的影响越大[2]。

表 4.1 列出了相位角在 0°～90°范围内变化时，10′（相当于 0.2 级测量用电压、电流互感器的角差限值[3]）角差引起功率测量误差（E_{P_φ}）。

表 4.1　角差对功率测量准确度的影响

序号	φ/(°)	$\cos\varphi$	$\tan\varphi$	E_{P_φ}/%
1	36.9	0.7997	0.7508	0.2
2	60	0.5000	1.7321	0.5
3	78.5	0.1994	4.9152	1.4
4	87.1	0.0506	19.740	5.7
5	88.9	0.0192	52.081	15

由表 4.1 可知，对于 0.2 级的测量用电压、电流互感器，当功率因数小于 0.5 时，角差引起的功率测量误差已经明显超过比差。

目前，工频电能计量采用的传感器主要是电磁式电压、电流互感器，有明确的角差指标，功率测量误差可控制在明确的范围之内。非正弦或非工频电功率测量及电能计量中，能够提供全频段范围内比差和角差溯源的主要有湖南银河电气有限公司研制的 ANYWAY 系列变频电量传感器。市面上的大多数传感器皆未标称应用于变频工况下的角差指标，且功率分析仪标称的功率测量精度，基本为功率因数 $\lambda=1$ 时的测量精度。而实际应用中，除了直流和纯电阻电路外，基本不会出现功率因数等于 1 的工况，因此由这些设备搭建的变频电量测试系统，特别是面对低功率因数的测试工况，功率的测量准确度很难评估。

对于未提供角差指标的传感器，可以利用另一项指标——上升时间来进行大致计算角差指标。上升时间属于时域指标，在一般线性电路中，时域的上升时间与频域的带宽有着固定的联系，根据经验公式[7]，有

$$B=\frac{0.35}{t_{\mathrm{r}}} \tag{4.35}$$

式中：B 为传感器带宽；t_{r} 为上升时间。

用一阶 RC 低通滤波器近似表示传感器模型，得到带宽与角差的关系为

$$E_{\varphi} = -\arctan \frac{f}{f_0} \tag{4.36}$$

式中：f_0为截止频率，可用带宽 B 替代；f 为角差参考频率。

四、其他因素影响

影响功率测量的其他因素主要还有如下几点。

1）传输线路引入干扰

随着电力电子技术的高速发展，大功率非线性设备的大量使用，产生电力谐波污染电网的同时，也向周围辐射电磁波。电磁干扰的传播环节为：干扰源——传播途径——敏感设备，传感器与二次仪表之间的模拟量传输线路，既是被测量信息的传播途径，也是外部干扰的主要入侵途径。干扰的引入会引起测量结果的变化。

2）长距离传输导致传感器二次输出信号产生衰减

目前绝大部分传感器二次输出信号为模拟量小信号，并采用电缆为传输媒介。信号在传输介质中传播时，将会有一部分能量转化成热能或者被传输介质吸收，从而造成信号强度不断减弱，导致测量结果出现偏差。

3）传感器与功率分析仪接口阻抗不匹配

对测量仪器来说，阻抗匹配主要是指传感器的输出阻抗与分析仪的输入阻抗的匹配。对于电压输出型传感器，当分析仪的输入阻抗远大于传感器的输出阻抗时，一般认为阻抗匹配。对于电流输出型传感器，当分析仪的输入阻抗远小于传感器的输出阻抗时，一般认为阻抗匹配。阻抗不匹配时，会带来信号的衰减，从而影响功率测量的精度。

4）A/D 转换器的转换位数不够，造成的精度损耗

数据采集设备通过 A/D 转换器进行量化，量化是指现实世界中的时域信号的连续幅值离散成若干个量化量级，实质是幅值转换精度。一个量化量级是指最小的量化电平大小（电平间隔），类似于刻度尺的最小刻度。A/D 转换器位数与这个刻度相似，A/D 转换器位数越高，量化量级（可理解为最小刻度）越小，量化误差会越小，转换后的数据幅值精度越高。对于量程相同的情况下，采用不同位数的 A/D 转换器进行量化，得到的测量精度也是不同的。

第四节　实验结果

采用 FLUKE 6100B 作为标准信号源，输出 50Hz 标准正弦信号。WP4000 变频功率分析仪和 DT 数字变送器组成测试系统，直测标准源信号（DT 数字变送器的比差为0.1% rd,角差为0.5′×f/50),测量在不同功率因数下测量仪表误差。实验结果如表4.2所列。

表4.2 变频功率测试系统在不同功率因数下的功率误差

标准值				测量值			误差		
$\cos\varphi$	U/V	I/A	P/kW	U'/V	I'/A	P'/kW	E_U/%	E_I/%	E_P/%
0.5	1000	5	2.5	1000.0	5.000	2.4999	0.000	0.000	-0.004
0.2	1000	5	1	1000.1	4.9997	0.9999	0.010	-0.006	-0.010
0.05	1000	5	0.25	1000.1	4.9995	0.2500	0.010	-0.010	0.000
0.02	1000	5	0.1	1000.2	4.9995	0.1000	0.020	-0.010	0.000

由测量结果来看,由WP4000和DT构成的变频功率测试系统在0.5、0.2、0.05、0.02的功率因数下,测量精度高。

一、传感器比差的影响

本次实验采用FLUKE 6100B作为标准信号源,输出50Hz标准正弦信号,WP4000变频功率分析仪和DT数字变送器直测标准源信号,电流测量采用电流互感器LQZ-0.66(变比20/5,0.2级),电压直测。只需考虑电流传感器比差对功率的影响,选择电流传感器量程的100%、50%、10%、1% 4个点进行数据测试对比,测试结果如表4.3所列。

表4.3 电流传感器比差对功率影响

标准值			测量值			误差		
U/V	I/A	P/kW	U'/V	I'/A	P'/kW	E_U/%	E_I/%	E_P/%
1000	20	20	1000.1	20.0284	20.0304	0.01000	0.142	0.152
1000	10	10	1000.1	10.0140	10.0150	0.01000	0.140	0.150
1000	2	2	1000.1	2.0044	2.0046	0.01000	0.220	0.230
1000	0.2	0.2	1000.1	0.2016	0.2016	0.01000	0.805	0.805

暂且忽略测量仪表对测量结果的影响,从E_I和E_P的测试结果来看,随着电流测量信号的变化,电流传感器比差逐渐增大,功率的相对误差E_P与E_I成正比关系。

二、传感器角差的影响

采用FLUKE 6100B作为标准信号源,输出50Hz标准正弦信号,WP4000变频功率分析仪和 DT 数字变送器直测标准源信号，电流测试采用电流互感器 LQZ－0.66(变比 20/5,0.2 级)，电压直测。本实验只考虑电流传感器角差对功率测量的影响，在满量程 20A 的条件下，测量不同的功率因数下的功率误差。实验结果如表 4.4 所示。

表 4.4 电流传感器角差对功率误差的影响

标准值				测量值			误差		
$\cos\varphi$	U/V	I/A	P/kW	U'/V	I'/A	P'/kW	E_U/%	E_I/%	E_P/%
0.5	1000	20	10	1000.2	20.0276	10.0076	0.020	0.138	0.076
0.2	1000	20	4	1000.2	20.0276	3.9968	0.020	0.138	－0.08
0.05	1000	20	1	1000.2	20.0272	0.9908	0.020	0.136	－0.92
0.02	1000	20	0.4	1000.2	20.0264	0.3908	0.020	0.137	－2.3

忽略测量仪表对测量结果的影响，由表 4.4 测量结果可知，电流均在满量程 20A 的条件下，所以在电流比差恒定的情况下，本实验中只有电流互感器角差一个影响因素，从测量结果来看，随着功率因数的降低，功率误差逐渐增大，特别是在低功率因数下，电流传感器角差对功率测量的影响巨大。

参考文献

[1] 张先庭，陈琼，邓洪峰．交流功率测量相位偏移补偿的研究[J]．电测与仪表，2013，50(1)：42－46.
[2] 李晓林，张春，陈胜．功率测量中互感器角差引起的误差及修正[J]．电测与仪表，2004，41(9)：4－7.
[3] 全国电磁计量技术委员会．测量用电压互感器 JJG 314—2010[S]．北京：中国计量出版社，2010.
[4] 全国互感器标准化技术委员会(SAC/TC 222)．互感器第 1 部分：通用技术要求．GB 20840.1－2010 [S]．北京：中国标准出版社，2011.8.
[5] 湖南省质量技术监督局．变频电量测量仪器　测量用变送器．DB43/T 879.1—2014[S]．2014.
[6] 朱毅．互感器误差对功率测量结果的影响[J]．电工技术，2000，12：30－31.
[7] 李庆莲，雷民，徐伟专．霍尔传感器的角差对功率测量的影响[J]．电测与仪表，2014，9：95－98.

第五章 基于功率分析仪的微电阻测量技术与应用

电阻是基本且重要的电参数之一，在日常工作中，往往要测量设备、元件和电路的电阻值。在以往的电阻测量领域，最通用的方法是将电阻量按大小的不同分为低值电阻（10Ω以下）、中值电阻（10Ω～1MΩ）和高值电阻（1MΩ以上）。其中，又将阻值在1Ω以下的电阻称为小电阻，阻值在1mΩ以下的称为微电阻。

在科学研究和工程实践中，经常需要对微小电阻进行测量，如电动机的绕组电阻，继电器、开关等的触点接触电阻，超大功率发射机的接地电阻，飞机机体的电阻，开关柜中铜排的直流与交流电阻测量等。1Ω以上的电阻测量通常采用万用表就能较为准确地测量出来，但是对于微小电阻来说，接触电阻和导线电阻的阻值是无法忽视的，它们将会对微小电阻的阻值测量造成严重的影响，进而会导致微小电阻测量结果的较大误差，所以微小电阻的测量一直是个较大的难题[1]。这些电阻由于阻值太小，导致检测到的信号十分微弱，而且还经常淹没在噪声之中，常规的测量方式很难测量出微小电阻的阻值。目前比较成熟的微电阻电测量方法主要有三种：大脉冲电流测量微电阻、直流恒流源测量微电阻和恒频交流电流源测量微电阻[2-6]。由前面章节可知，功率分析仪已经通过傅里叶分析提取了导体两端的基波电压 U、流过导体的电流基波 I 以及两者之间的相位差 φ，故可通过式(5.1)来计算出导体的交流电阻 R_{AC}，即

$$R_{AC}=\frac{U}{I}\cos\varphi \tag{5.1}$$

本章主要基于功率分析仪，利用式(5.1)对导体的微弱交流电阻测量技术进行研究。首先介绍微电阻测量技术现状，接着构建基于功率分析仪的微电阻测量系统，最后给出典型铜排的交流电阻测量结果以及某工业现场开关柜的交流电阻测量结果。

第一节　微电阻测量技术

一、常用微电阻测量技术及分析

目前使用的微电阻测量技术可以分为两类:热测法和电测法[7]。热测法的原理是将导线安装在尺寸和热性能已知的管道内,导线由流经导体的电流加热并升温,通过测量管道的温升来计算导线产生的功率损耗,进而通过公式$W = I^2 R_{AC}$计算出通过导线的交流电阻。该法的精度和导线的温度测量准确度有关。这种方法的不足是重复性和精度很低,由于隔热和测量的困难不能用于工厂测试。电测法通常情况下采用电桥平衡法和伏安法,但对于微电阻的测量,常用伏安法来进行测量[8]。

1. 电桥平衡法

在微小电阻测量情况下,常采用直流双电桥方法实现测量,该方法可以用来检测非常小的电阻[2-3]。这种方法在更多时候应用于电机直流电阻和分流器电阻的测量。直流双电桥测量方法的最大特点是能够降低引线部分电阻对待测器件带来的影响。

用直流双电桥测量时,工作电流的要求相对较大,可达到2A。如此大的电流经过待测器件时,会造成发热现象,导致测量结果不准确,出现误差,测量时间不同测量值也不同。一些待测器件是不允许通过大电流的,否则会造成损坏,这种情况便无法用电桥测量法进行测量。对于一些分布电容较大或者电感性器件,电桥测量方法也完全不能使用。该方法电桥各个桥臂的电阻值和电桥内附或者外附标准电阻的准确度决定了待测电阻的测量精准度。在直流双电桥测量电路的回路中有很多的电阻,各个电阻的准确度不可能完全一致,这样使得待测电阻的测量误差无法确定。

2. 伏安法

在使用伏安法进行测量时,根据所使用电源电流的不同,又可以分为三种:大脉冲电流测量法、直流恒流源测量法和恒频交流电流源测量法[6,10-12]。这三种方法都存在各自的特点与优势。

1）大脉冲电流测量法

大脉冲电流法是运用大电流流过微小电阻产生压降信号,通过得到的电压反映电阻的阻值。该方法的优点是信噪比高,可以降低对后续处理电路及程序的要求;不足之处是随着输入电流增大,电阻发热造成电阻的阻值会产生变化,产生误差,对测量结果造成影响。要使大电流通过电阻而电阻阻值的变化

很小,就应该使电流通过电阻的时间很短,也就是说这个大电流是脉冲电流。利用大脉冲法测量微小电阻,电流的大小和脉宽应根据电阻的阻值大小和放大器的性能决定。从理论上来说,电流应越大越好,脉宽越小越好。但在实际中电流太大,对测量装置的性能要求就越高;脉宽太小,实现起来就越困难,所以要根据实际情况综合考虑电流的大小及脉宽。另外,电流的开启时间应该严格控制,应该在数据采集系统准备充分之后才开启,否则对测量的电阻容易造成损坏。

为了实现自动多次连续测量,可用计算机对测量时序、电流大小、脉宽、A/D转换及读数进行控制。大脉冲电流测量小电阻的结构框图如图 5.1 所示[12]。测量中由软件对电流源及 A/D 转换器进行控制,根据所测电路的采样保持和放大情况进行测量时序控制,还可以用软件设置多次测量及多个电阻的测量。

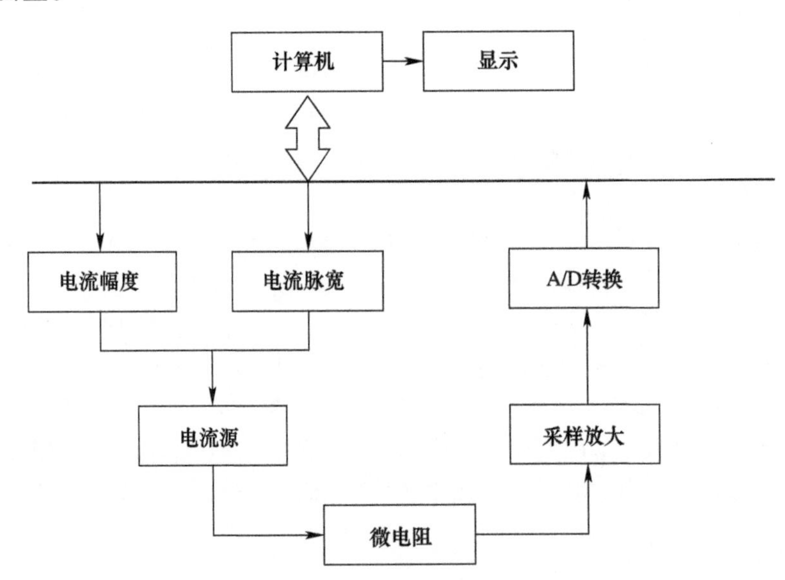

图 5.1　大脉冲电流测量微小电阻的系统结构图

2）直流恒流源测量法

直流恒流源测量法是采用恒定电流输入待测电阻,然后采集电阻两端的电压,应用欧姆定律求取待测电阻的阻值。由于电阻值小,致使压降信号较小,为避免噪声信号淹没较小的被测电压信号,应先用放大电路对被测电阻的两端电压信号进行放大。在采用直流恒流源测量过程中,不仅需要关注恒流源和放大器的性能,还需要对信号进行滤波,以减小测量误差。直流恒流源法测量微小电阻的系统结构如图 5.2 所示[12]。

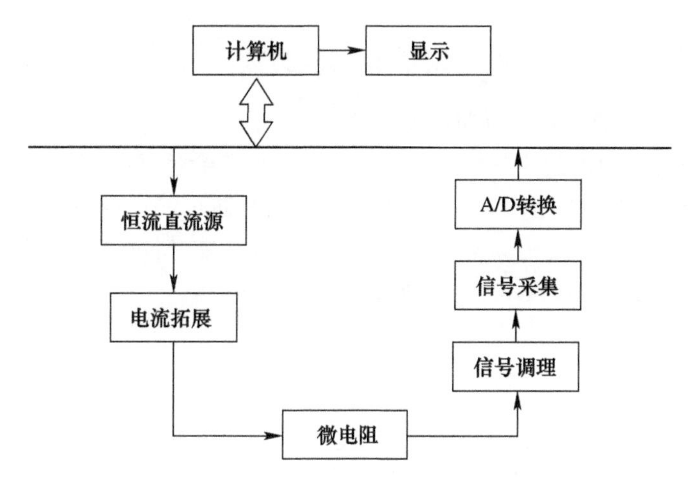

图 5.2 直流恒流源测量微小电阻的系统结构图

为了提高测量准确度，A/D 转换器的位数很重要，它决定了电压的分辨率。而整个系统的误差决定电路应采用的形式。由图 5.2 可知，系统的误差主要由量化误差及模拟误差组成，即由 A/D 转换器的量化误差、放大器等的非线性误差组成的量化误差及由恒流源精度、温漂及增益误差组成的模拟误差构成。当然也要考虑噪声和外部干扰对测量的影响。因此恒流源和放大器的性能非常关键。为了提高测量准确度，还应使用计算机硬件和软件进行滤波，信号在 A/D 转换之前应先通过有源低通滤波器滤除所有交流干扰，再用软件进行数字滤波，进一步提高抗干扰和噪声的能力[12]。

3）恒频交流电流源测量法

直流电阻测量法能准确测量出导体的电阻，但也仅仅是在直流电的情况下。而交流情况下，导体通过电流时，导体受集肤效应和相邻导体间邻近效应的影响，导体的交流电阻要高于其直流电阻。对于高压电缆线路，由于其相间距离较大，导体间邻近效应所产生的导体交流电阻增加要低于导体内部集肤效应的影响。导体的集肤效应与导体内部涡流的深度有关，而涡流的深度取决于电流频率、导体材料导电率和磁导率，同时在大电流的长时间通入下，导体的温度会发生变化，导体的阻值也会随温度的变化而发生变化，由于有上述种种的较为复杂影响，因此在交流下电阻的测量方法值得讨论研究[13]。

恒频交流电流源测量交流微电阻的方法与直流恒流源测量直流微电阻的方法相似，都是基于欧姆定理来实现的。本节第二条将对恒频交流源测量微电阻进行深入探讨。

二、恒频交流源测量微电阻原理及分析

1. 恒频交流源测量微电阻的测量原理

将频率为f,幅值为A的恒频交流电流通过被测导体,测得导体两端电压,通过导体的电流、频率及电压和电流的相位差,然后通过傅里叶分析得到电压、电流的基波有效值分别为U和I。通过伏安法(相量法,相量角频率为ω)来计算出导体的电阻,测量原理如图5.3所示。

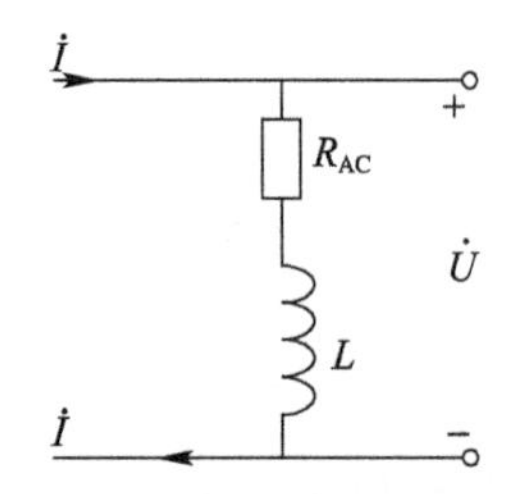

图5.3 恒频交流源测量微电阻原理

在图5.3中,R_{AC}为需要测量的交流电阻;L为导体的电感。由图5.3可知

$$\dot{U} = \dot{I}\ (R_{AC} + j\omega L) \tag{5.2}$$

式(5.2)的相量图如图5.4所示。根据测量值U、I和φ,可求解出R_{AC}为

$$R_{AC} = \mathrm{Re}\left(\frac{\dot{U}}{\dot{I}}\right) = \frac{U}{I}\cos\varphi \tag{5.3}$$

式中:Re( )表示取复数的实部;U为导体两端电压基波有效值;I为流过导体的电流基波有效值;φ为电压与电流之间的相位差。

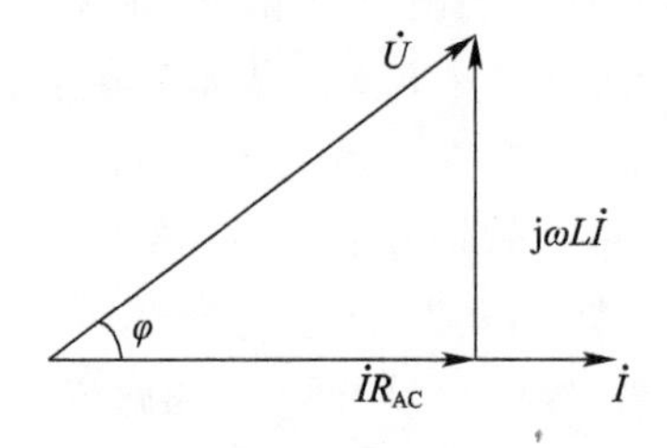

图5.4 恒频交流源测量微电阻电路相量图

基于上述三个参数测量值,还可以计算得到导体的损耗(有功功率)P、导体的阻抗Z、导体的电感(自感与互感之和)L,即

$$P = UI\cos\varphi \tag{5.4}$$

$$Z = \frac{U}{I} \tag{5.5}$$

$$\omega L = \frac{U}{I}\sin\varphi \tag{5.6}$$

2. 恒频交流源测量微电阻的误差分析

对 R_{AC}作误差分析,其绝对误差 E_A和相对误差 E_R分别为

$$\begin{aligned} E_A &= \left|\frac{1}{I}\cdot\cos\varphi\cdot\Delta U\right| + \left|\frac{U}{I^2}\cdot\cos\varphi\cdot\Delta I\right| + \left|\frac{U}{I}\cdot\sin\varphi\cdot\Delta\varphi\right| \\ &= \left|\frac{R_{AC}}{U}\cdot\Delta U\right| + \left|\frac{R_{AC}}{I}\cdot\Delta I\right| + \left|\omega L\cdot\Delta\varphi\right| \end{aligned} \tag{5.7}$$

$$\begin{aligned} E_R &= \left|\frac{\Delta U}{U}\right| + \left|\frac{\Delta I}{I}\right| + \left|\tan\varphi\cdot\Delta\varphi\right| \\ &= \left|\frac{\Delta U}{U}\right| + \left|\frac{\Delta I}{I}\right| + \left|\frac{\omega L}{R_{AC}}\cdot\Delta\varphi\right| \end{aligned} \tag{5.8}$$

根据式(5.7)、式(5.8),可得到如下结论:

(1) 绝对误差 E_A和相对误差 E_R都随 U、I 的增大而减小,为了减小误差,可以在试验中增大电流 I;

(2) 绝对误差 E_A和相对误差 E_R都随 L(或 φ)的增大而增大,故 L(或 φ)对测量结果的影响非常大;

(3) 若导体为短铜排,其阻抗一般在几到几十微欧级左右,电感一般在微亨级左右,故 $\omega R/L$ 可达 30 ~ 40 倍,这给相位测量带来了很高的要求;

(4) R_{AC}越小,相对误差 E_R越大。

3. 基于功率分析仪测量微电阻的组成与结构

以测量铜排为例,实际应用环境为微小电压和大电流的高精度同步测量,由于小信号易受工业现场的环境影响,因此考虑减少模拟量传输线路来保证测量精度。因此仪器选用湖南银河电气有限公司研制的 WP4000 变频功率分析仪及 SP 系列变频功率传感器组合搭建测试系统[14]。其基本系统结构如图 5.5 所示。

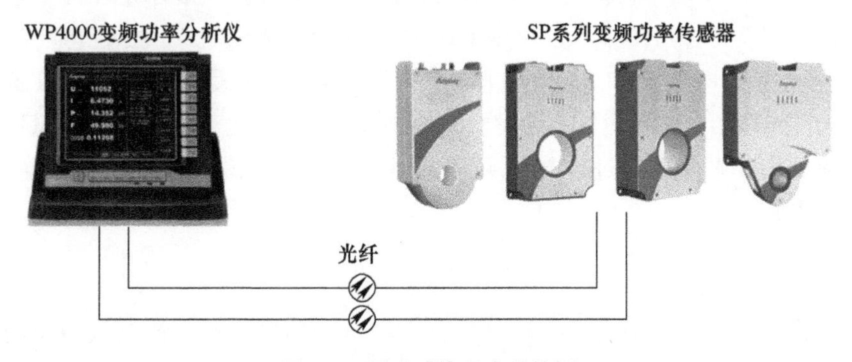

图 5.5　测试系统基本结构图

图5.5左边为WP4000变频功率分析仪，右边为SP系列变频功率传感器，两者通过光纤连接。实际测试时，可根据被测电压和电流的大小选择合适的一款SP变频功率传感器。SP系列变频功率传感器内部构成如图2.9所示。鉴于一般功率分析仪仅针对自身进行标定，在搭配使用各类前端传感器时未对传感器、传输线路进行系统的标定，从而引入了更多的不确定度，而该套系统由于其前端数字化和光纤传输形式的技术特点，可进行整体测试系统的校准和计量，进一步提升测量的可信度。

4. 微电阻的测量接线方式

在微小电阻的测量中，由于其导线阻值和导体的阻值在数量级上很接近，因此需要考虑到导线的电阻，在测量电路导线选材上，在测量中尽可能选择如镀银线这类导电率高的粗导线，以尽量消除导线电阻对测量的影响。双端测量等效电路如图5.6所示[15-16]。

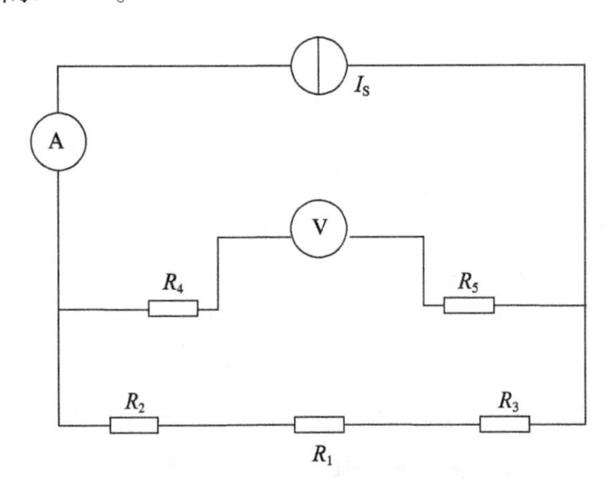

图5.6 双端测量等效电路

图5.6中，R_1表示待测电阻；R_2，R_3表示接触电阻；R_4、R_5表示电压测量回路电阻。由图5.6可知，实际测到的回路电阻中包含待测电阻R_1，接触电阻R_2和R_3，以及测量线电阻R_4和R_5，由于电压表内阻非常大，远大于待测电阻，在选取合适的测试线后将其等效为一个整体进行校准计量，因此流过该电压测量回路的电流远小于R_1上面流过的电流，可以忽略不计，所以双端测量的电阻计算（直流情况下）为

$$R_1 = \frac{U}{I} - (R_2 + R_3) \tag{5.9}$$

由式(5.9)可知，采用双线测量的方式测量到的电阻包含该测量回路的接触电阻R_2、R_3，尤其是实际测量时，电流回路可能是使用螺栓、鳄鱼夹之类机械

紧固件进行压接,加上接触面存在氧化等不干净程度导致其接触电阻较大,所以这种方式在测量微小电阻的情况下存在较大的误差。既然误差的来源为回路的接触电阻,首先需要将电压测量回路接到整体电流的机械安装接触点内,然后可以通过改变电压测量回路的测量采样点位置来尽量减少该测量误差:当测量点逐步靠近待测电阻时,测量的误差将逐步减少。此方法称为四端测量法,四端测量法等效电路如图 5.7 所示。

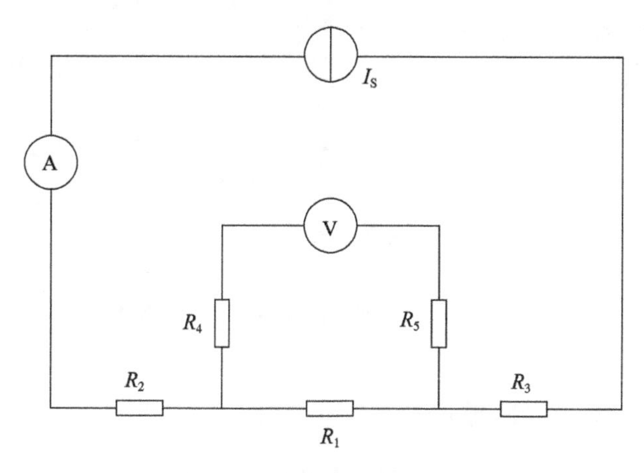

图 5.7　四端测量法等效电路

根据图 5.7 可知,在四端测量中是将电压测量回路的采样点选取在尽量靠近待测电阻的位置进行电压采样。从而尽可能地减少导线及接触部分对电阻测量的影响,待测电阻阻值计算(直流条件下)为

$$R_1 = \frac{U}{I} \tag{5.10}$$

使用功率分析仪,再根据上述分析,分别对被测电阻为铜排的进行单相和三相测试,单相接线示意图如图 5.8 所示,三相接线示意图如图 5.9 所示。

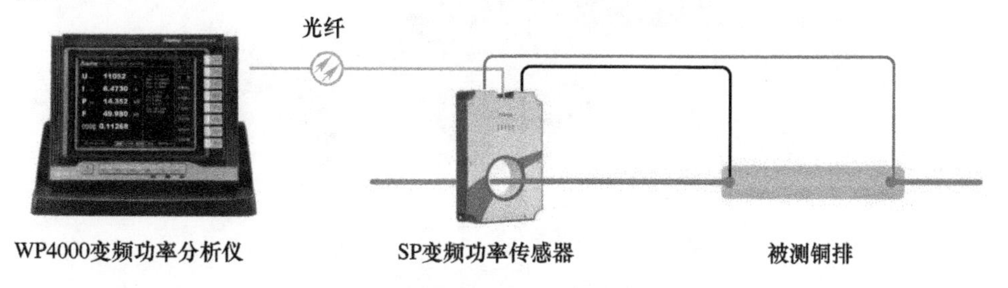

图 5.8　单相电路铜排交流电阻测量接线示意图

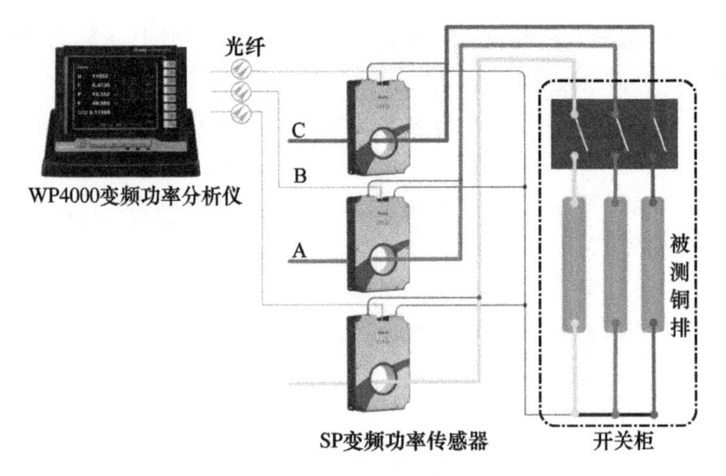

图 5.9 三相电路铜排交流电阻测量接线示意图

第二节 铜排的交流电阻测量

一、电感对测量误差的影响

基于第一节所述测量系统,对某典型铜排进行了试验。为了提升测量的可信度,在相同的测量条件下,对不同的工况下的测量相对误差 E_R 进行比较。通过调节电缆线绕待测铜排的圈数来改变电感的大小,电流幅值可以通过调节恒流源输出来改变。计算得到在不同电感、不同电流幅值下的 E_R,如图 5.10 所示。

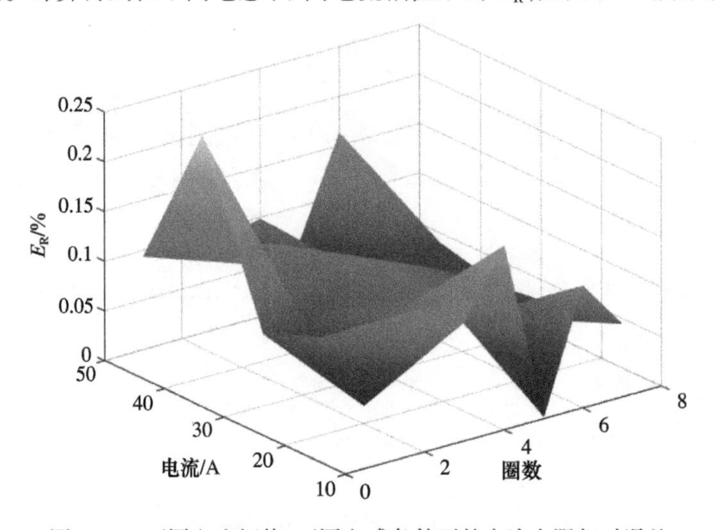

图 5.10 不同电流幅值、不同电感条件下的交流电阻相对误差

二、铜排的直流电阻测量结果

该典型铜排的直流电阻测量情况如表5.1所列。

表5.1 该典型铜排的直流电阻测量结果

电流/A	电压/mV	直流电阻/μΩ
50.01	1.77	35.50

三、铜排的交流电阻测量结果

接入一个频率为50Hz的交流信号，测量该典型铜排在不同电流幅值下的电阻、电感，测量结果如表5.2所列，不同电流幅值下的交流电阻变化如图5.11所示。

表5.2 该典型铜排在不同电流幅值下的交流电阻测量结果

序号	电流/A	电压/mV	相位差/(°)	电阻/μΩ	电感/μH	有功功率/W
1	50.50	34.11	85.33	55.00	2.14	0.14
2	100.13	67.85	85.28	55.75	2.15	0.56
3	150.72	102.33	85.14	57.51	2.15	1.31

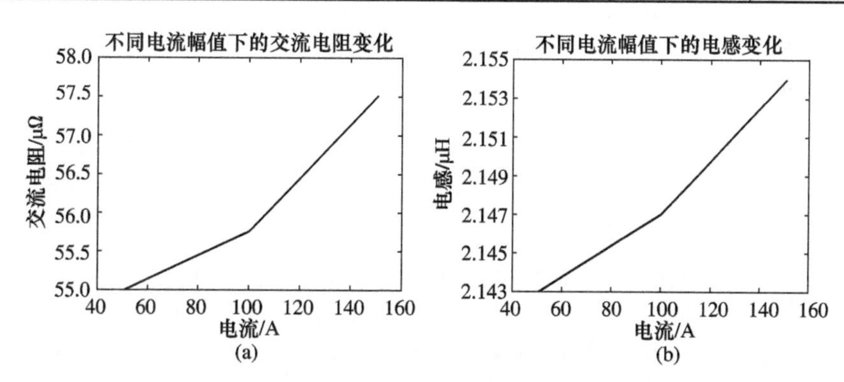

图5.11 不同电流幅值下的交流电阻和电感变化
(a)交流电阻变化；(b)电感变化。

从表5.2和图5.11可以看出，随着测量电流的增加：

(1) 铜排的交流电阻 R_{AC} 增加；

(2) 铜排的损耗(有功功率) P 增加；

(3) 铜排的电感缓慢增加，增加的速度小于交流电阻增加的速度，故相位差 φ 减小。

根据理论分析结论和以上测量结果,电流越大,R_{AC}的绝对误差 E_A 和相对误差 E_R 越小。

第三节　开关柜的交流电阻测量

一、开关柜中单相交流电阻的测量结果

在实际工业现场,对某开关柜进行实际测量,将设备接入该开关柜的 A 相中,测量结果如表 5.3 所列,不同电流幅值下的交流电阻变化如图 5.12 所示。

表 5.3　某开关柜单相测量结果

序号	电流/A	电压/mV	相位差/(°)	电阻/μΩ	电感/μH	有功功率/W
1	98.22	99.04	56.14	561.82	2.66	5.42
2	193.91	200.18	55.61	583.04	2.71	21.92
3	597.60	627.88	55.51	594.97	2.76	212.48

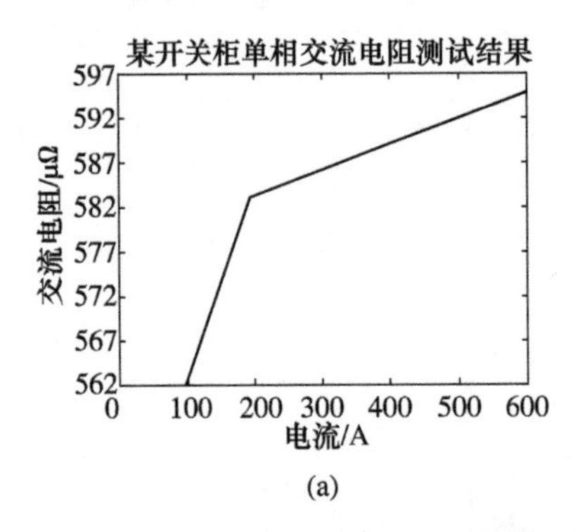

(a)

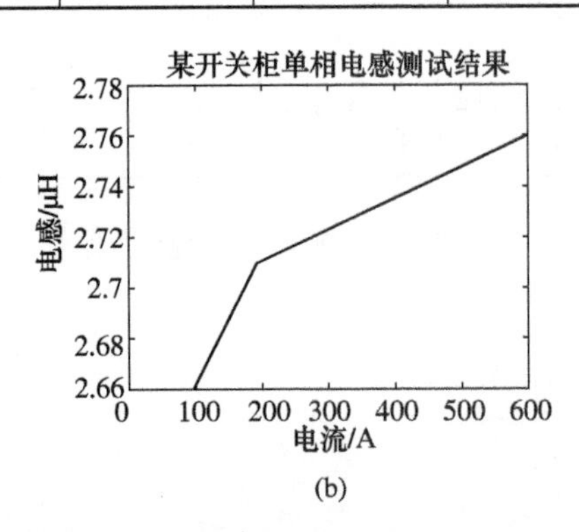

(b)

图 5.12　不同电流幅值下的交流电阻和电感变化
(a)交流电阻变化;(b)电感变化。

从表 5.3 和图 5.12 可以看出,开关柜中单相测量与上节中使用某典型铜排测量结果基本一致,随着测量电流的增加:

(1) 开关柜单相交流电阻 R_{AC}增加;

(2) 铜排的损耗(有功功率)P 增加;

(3) 铜排的电感缓慢增加,增加的速度小于交流电阻增加的速度,故相位差 φ 减小。

二、某开关柜中三相交流电阻的测量结果

表 5.4 给出了三相平衡状态下的交流电阻测量结果。

表 5.4　某开关柜三相平衡状态下测量结果

序号	相序	电流/A	电压/mV	相位差/(°)	电阻/μΩ	电感/μH
1	A	96.37	98.54	56.09	570.43	2.70
2	B	97.84	80.98	66.01	336.48	2.41
3	C	103.43	101.40	75.25	249.56	3.02

表 5.5 给出了三相不平衡状态下的交流电阻测量结果。

表 5.5　某开关柜三相不平衡状态下测量结果

状态 1						
序号	相序	电流/A	电压/mV	相位差/(°)	电阻/μΩ	电感/μH
1	A	196.93	185.84	65.47	391.80	2.73
2	B	122.65	99.63	-294.69	339.32	2.35
3	C	74.45	106.12	-288.22	445.76	4.31
状态 2						
序号	相序	电流/A	电压/mV	相位差/(°)	电阻/μΩ	电感/μH
1	A	100.38	66.33	59.95	330.89	1.82
2	B	194.05	162.34	-295.08	354.59	2.41
3	C	93.69	65.65	60.87	341.10	1.95
状态 3						
序号	相序	电流/A	电压/mV	相位差/(°)	电阻/μΩ	电感/μH
1	A	117.99	163.53	71.98	428.80	4.20
2	B	180.69	152.97	65.07	356.91	2.44
3	C	298.03	303.68	-294.65	425.01	2.95
状态 4						
序号	相序	电流/A	电压/mV	相位差/(°)	电阻/μΩ	电感/μH
1	A	297.39	283.24	65.43	396.05	2.76
2	B	185.94	151.56	-294.93	343.61	2.35
3	C	111.77	162.18	-288.65	464.07	4.38

参考文献

[1] 顾洪涛. 特殊电量的测量之小电阻的测量[M]. 北京:中国电力出版社,2000.

[2] SATRAPINSKI A,PONTYNEN H, GOTZ M. A low – frequency current comparator for precision resistance measurements[C]. Rio de Janeiro, Brazil 2014 Conference on Precision Electromagnetic Measurements (CPEM 2014),2014:760 – 761.

[3] WANG Y Z. A TDC method – based design of temperature measuring circuit[C]. Wuhan,China International Conference on Electric Information and Control Engineering (ICEICE 2011), 2011:122 – 124.

[4] DEMJANENKO V,VALITIN R A,SOUMEKH M,et al. A noninvasive diagnostic instrument for power circuit breakers[J]. IEEE Transactions on Power Delivery,1992,7(2):656 – 663.

[5] LI W H,LIU G J,LI Z G. Study and reliability analysis on testing instrument for dynamic contact resistance on contact[C]. Chicago. USA IEEE Holm Conference on Electrical Contacts. IEEE,2000:109 – 114.

[6] 吴文全,叶晓慧. μΩ 级小电阻测量方法研究[J]. 电测与仪表,2003(11):26 – 28.

[7] 王国利,叶晓慧,刘磊. 架空输电导线交流电阻的实测方法研究[J]. 南方电网技术,2017,11(7):78 – 83.

[8] 徐加勤,曾天海. 双电桥测低电阻研究[J]. 北京理工大学学报,1997,17(4):511 – 513.

[9] 乐建新. 用双电桥测量低值电阻及其灵敏度的研究[J]. 南昌师范学院学报,2015,36(6):8 – 10.

[10] 陈广来,李琴. 微小电阻测量方法的研究[J]. 计测技术,2017,37(4):53 – 56.

[11] 刘志存. 微小电阻测量方法及关键技术[J]. 物理测试,2005,23(1):34 – 36.

[12] 朱恒余,吴文全. 小电阻测量技术[J]. 电子测量技术,2004,(4):53 – 54.

[13] 车孝轩,菊地秀昭. 在线交流电阻的测量方法及其装置[J]. 高电压技术,2000,26(4):19 – 21.

[14] 徐伟专,等. 变频电量测试与计量技术 500 问[M]. 北京:国防工业出版社,2019.

[15] 吴清振,高天修,王建军. 交流电阻测试方法研究[C]. 上海 2003 导体与装备技术研讨会,2003,258 – 267.

[16] 罗文博,叶晨,汤祥虎. 微小电阻的测量及提高精度的方法[J]. 测控技术,2018,(37)3:94 – 97.

第六章　电动汽车驱动电机系统效率测试

驱动电机系统是电动汽车的重要组成部分,主要包括驱动电机和驱动电机控制器两大核心零部件。与内燃机车辆相比,电动汽车的车载能源少,极大限制了续驶里程的提高。作为主要能源利用部分的驱动电机系统,其工作效率高低,对电动汽车续驶里程影响很大。对驱动电机系统而言,效率指标定义为输出的机械功率与电源提供的输入电功率之比。在输入功率一定的情况下,输出功率越大,效率越高,则能源的利用率就越高,同时效率高意味着损耗小,造成的电机发热和温升就少[1-2]。电动汽车运行过程中,电机转速和负载一直处于变化过程中,对工作效率特性进行试验测试,不仅能反映电机理论能耗与实测能耗的设计偏差,以便进一步优化设计,而且为电动汽车整车动力系统的合理匹配提供技术支持。电动汽车为车载电池直接直流供电,而电机普遍为控制器输出的 PWM 波变频直驱,这要求测试系统既能够测试直流,又能够满足变频 PWM 波测试的严苛要求。

本章主要介绍电动汽车驱动电机系统效率测试技术与应用,首先介绍效率测试基础知识,包括电动汽车常用的电机及其驱动特性,试验标准以及效率的计算方法,然后介绍两种常用的效率测试方案,最后对驱动电机系统的效率特性进行测试,给出效率分布图。

第一节　驱动电机系统效率测试基础

一、电动汽车电机及其驱动特性

电动汽车要具有良好的性能,使用的驱动电机应具有较宽的调速范围和较高的转速,足够大的起动转矩、体积小、质量轻、效率高、动态制动能力较强、且能够回馈能量[3]。驱动电机的类型对电动汽车性能的影响很大,目前应用较多的电动机主要有直流电动机、感应电动机、永磁同步电动机及开关磁阻电动机四类,其中后三种属于交流电动机[4]。

直流电动机具有优良的电磁转矩控制特性,其驱动特性如图 6.1 所示。由图 6.1可知,直流电动机在基本转速 N_b 以下运行于恒转矩区,N_b 以上运行于恒

功率区。这种特性很适合电动汽车低转速高转矩、高转速低转矩的要求，而且直流电机易于平滑调速，控制技术成熟，早期的电动车主要采用直流电机驱动。直流电机的缺点是效率和转速相对较低，运行时需要电刷和机械换向装置，机械换向结构由于机械摩擦、电压接触放电等原因易产生电火花，不适合在多尘、潮湿、易燃易爆环境中使用，很难向大容量、高速度发展。此外，电火花产生的电磁干扰，对高度电子化的电动汽车来说也是致命的。直流电机价格高，体积和重量大，随着电力电子技术的发展，目前直流电机在电动汽车上的应用逐渐减少。

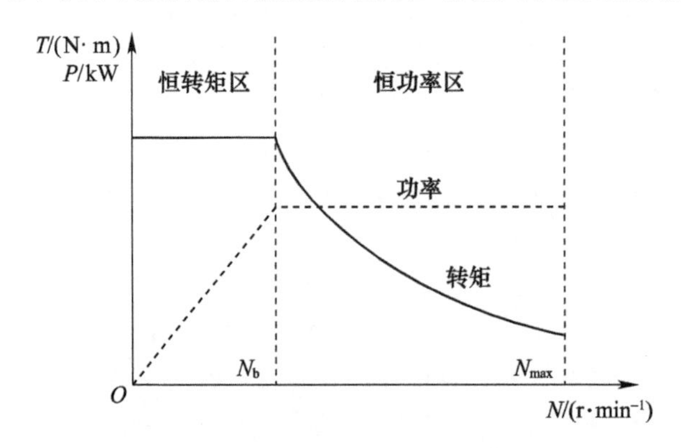

图 6.1　直流电机驱动特性

感应电机是由气隙旋转磁场与转子绕组感应电流相互作用产生电磁转矩，从而实现电能量转换为机械能量的一种交流电机，具有结构简单、低成本、运行可靠、易维修等优点，是一种应用很广的无换向器装置的电动汽车牵引电机。感应电机一般采用鼠笼形结构，其结构简单、转矩脉动小、运行平稳。感应电机控制技术比较成熟，更加凸显了感应驱动电机系统优势，因此被较早应用于电动汽车的驱动系统。但是感应电机最大的缺点是效率偏低、功率密度小，使得相同功率下重量和体积较大，并且调速性能较差，控制系统较复杂、成本高。

永磁同步电机是一种由永磁体励磁产生同步旋转磁场的高性能电机，它的最大特点是具有直流电机的外特性而没有电刷组成的机械接触结构，其驱动特性如图 6.2 所示。永磁同步电机的恒转矩区比较宽，一直延伸到电机最高转速的约 50% 处，对提高汽车的低速动力性能有很大帮助。与其他类型的电机相比，永磁同步电机最大优点是具有较高的功率密度与转矩密度，在相同质量与体积下，能够为电动汽车提供最大的动力输出与加速度，因此具有良好的应用前景。但是转子的永磁材料在高温、震动和过流的条件下，会产生磁性衰退的现象，电机容易发生损坏。

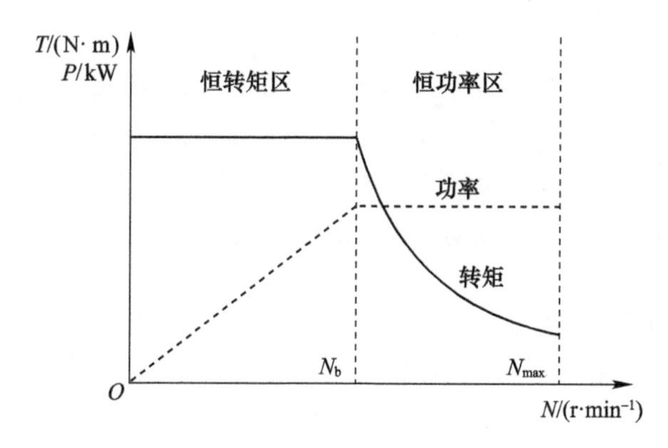

图 6.2　永磁同步电机的驱动特性

开关磁阻电机是由电机本体和开关电路控制器组成的机电一体化新型电机。其优点是可控相数多、容易实现四象限控制、效率高等;转子上无绕组,适用于频繁正反转及冲击的负载,而且起动转矩大、电流较小。缺点是转矩波动和噪声大,需要安装位置传感器,这增加了系统的复杂性;控制系统有很明显的非线性等,所以开关磁阻电机目前还未广泛应用。

以电机为核心的电动汽车,其专用电机具有以下特点:

(1) 相对于普通旋转电机而言,额定转速及峰值转速均较高;

(2) 实际运行状态下的负载工作状态较复杂;

(3) 驱动电机系统一般供电电源为直流蓄电池;

(4) 电动汽车一般运行在电动机状态下,但是在刹车制动的状态下会运行在发电回馈的状态,具有再生能量回馈制动的特性。

二、电动汽车驱动电机系统试验标准

电动汽车驱动电机系统测试试验涉及的相关测试标准如下所示:

GB/T 18385—2005《电动汽车 动力性能 试验方法》

GB/T 19750—2005《混合动力电动汽车 定型试验规程》

GB/T 18386—2017《电动汽车 能量消耗率和续驶里程 试验方法》

GB/T 19752—2005《混合动力电动汽车 动力性能 试验方法》

GB/T 755—2019《旋转电机定额和性能》

GB/T 1032—2012《三相异步电动机试验方法》

GB/T 29307—2012《电动汽车用驱动电机系统可靠性试验方法》

电力馈能满足 IEEE 159 国家相关的供电标准的要求,回馈电网谐波≤4%,相关标准有

GB/T 50055—2011《通用用电设备配电设计规范》

GB/T 14549—1993《电能质量　公用电网谐波》

其中为了保证电动汽车关键零部件之一的驱动电机及其控制器的性能，国家发布实施了驱动电机及其控制器专项检测标准，即

GB/T 18488.1—2015《电动汽车用驱动电机第 1 部分：技术条件》

GB/T 18488.2—2015《电动汽车用驱动电机第 2 部分：试验方法》

两项标准分别规定了驱动电机及控制器的工作制、工作条件、技术要求、需要检验的项目以及相关的试验方法。标准从机械、电安全性能、环境试验、电机性能以及电磁兼容等方面对产品提出了要求。电机性能测试是电机及控制器试验中最重要的，电机的性能主要考核电机在额定负载和峰值负载下的转速—转矩特性及效率、电机的再生能量回馈能力、最高工作转速和超速能力、工况运行的温升及噪声的大小。其中在 GB/T 18488.2—2012 中第 7.2 节，对转矩—转速特性及效率的测量进行了详细说明。

三、驱动电机系统效率计算

电动汽车车载能源一般为直流电输出，为电机控制器提供电能，电机控制器通过功率开关元件，实现电能变换，并根据需要将调制电力提供给电机，控制电机的输出转矩（或输出转速），实现对电动汽车行驶性能的控制。

电动汽车驱动电机系统输入功率为控制器直流母线输入的电功率，输出功率为电机轴端的机械功率。其中，电机控制器效率 η_C 为输出功率 P_2 和车载电源提供的输入功率 P_1 之比，通常用百分比表示[5]，即

$$\eta_C = \frac{P_2}{P_1} \times 100\% \tag{6.1}$$

式中：$P_1 = U \times I$，U、I 分别为控制器直流母线电压平均值和电流平均值。$P_2 = P_A + P_B + P_C$ 即为电机控制器输出给电机的功率，P_A、P_B、P_C 分别为输入到电机的各相功率。

除能量损失外，电机将电能转换为机械能对外做功，输出转速和转矩，带动车辆行驶。电机效率 η_M 为电机输出的机械功率 P_3 和输入电功率 P_2 之比，即

$$\eta_M = \frac{P_3}{P_2} \times 100\% \tag{6.2}$$

$$P_3 = \frac{T \times n}{9.55} \tag{6.3}$$

式中：n 为电机转速（r/min）；T 为电机轴端转矩（N·m）。

则驱动电机系统电动工作状态下的效率 η 为

$$\eta = \eta_C \times \eta_M = \frac{T \times n}{9.55U \times I} \times 100\% \tag{6.4}$$

驱动电机系统全速范围内的效率仅仅是效率单层面上的评价指标。为更好地反映其整车匹配后的情况,引入另外一个重要指标——高效区利用率[5],即驱动电机系统位于效率高于 80% 的工作点数量与全部工作点数量的比值,用 $\eta_{>80\%}$ 表示,即

$$\eta_{>80\%}=\frac{N_{>80\%}}{N} \tag{6.5}$$

式中:$N_{>80\%}$ 为驱动电机系统效率高于 80% 的工作点数量;N 为全部工作点数量。

高效区利用率可以为驱动电机系统整体匹配、控制策略的制定等提供可靠的依据,也可以比较同一运行工况下不同驱动电机系统的水平。

一般情况下,电机控制器效率损失主要包括功率器件的开关损失和控制器的冷却损失,消耗的能量很少,工作效率高。但电机的功率损失较大,并且电机的工作范围广,在不同工作区域电机效率差异很大。因此在评价电机效率时,不应与普通电机一样,只在某一个或几个固定点测试效率,而应在电机的全部工作范围内测试其效率。这样,可以全面评价电机的效率分布,能够为电机及其控制器的研制提供进一步优化的技术支持,同时,也可为整车的动力特性匹配提供技术依据[1]。

第二节　驱动电机系统效率测试方案

驱动电机系统是由电动汽车上的车载电源为其供电的,电动汽车效率测试是驱动电机型式测试中的重要部分,驱动电机系统效率测量包括驱动控制器效率测量、驱动电机效率测量以及驱动电机整体系统效率测量。涉及参数包括:驱动电机控制器直流母线电压和电流;驱动电机的电压、电流及电功率;驱动电机的转矩、转速及机械功率;驱动电机、驱动电机控制或驱动电机系统的效率。

电动汽车驱动电机系统测试平台主要有电力测功机测试平台和对拖测试平台[5]。

一、电力测功机测试平台

电力测功机分直流电力测功机和交流电力测功机。直流电力测功机实际上是一台定子可以在支架上转动的直流电机,并附加一些测量转矩/转速的测量元件。具有操作方便,可以实现平稳调速,经济性显著等特点,适用于对低转速、小功率的动力系统进行测试。交流电力测功机用于对高转速、大功率的动力系统进行测试[6],目前用得较为广泛。交流电力测功机系统主要由交流电力测功机

和控制器组成，具有快速动态响应、高速低惯量、变频器可四象限工作（电动与发电自由转换）以及系统可靠性高、维护性好等特点，应用于各类电机的性能测试。

电力测功机测试平台一般由测功机系统（模拟负载）、被测试驱动电机系统、转矩/转速传感器、机械功率测量及电功率测量系统等部分组成，如图 6.3 所示。用转矩/转速传感器测量被试电机的输出转矩和转速，测量系统可以由功率分析仪、电流传感器和电压传感器组成，也可以是一台一体化综合测试仪。测功机控制器是双向可逆的，可以将电机发的电回馈至电网，并产生一个阻力矩与被试电机发出的电磁转矩相平衡，实现电机转速的一个稳态。电力测功机试验台的工作原理是电力测功机通过与被试电机对拖的行驶，来模拟驱动电机在车辆行驶过程克服阻力前进的过程。当被试电机拖动电力测功机运行时，模拟电动汽车的加速和匀速行驶过程，驱动电机处于电动机状态；当电力测功机拖动被试电机运行时，模拟电动汽车的减速和制动行驶情况，此时，驱动电机处于发电机状态，向能源系统回馈电能[7]。

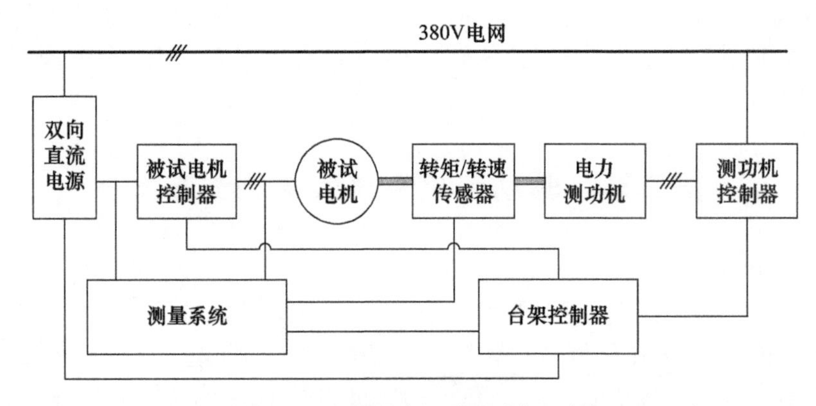

图 6.3 电力测功机测试平台组成

输入电功率由功率分析仪、电流传感器和电压传感器（根据实际电压信号范围选用）采集完成。电流传感器和电压传感器分别采集驱动电机系统的输入电流和电压，输出至功率分析仪，经内部运算得到驱动电机系统的输入电功率。输出机械功率是由转矩/转速传感器采集的转矩和转速计算得到。

二、对拖测试平台

对拖测试一般需要两台完全一样或相近的电机及其控制器，通过联轴器将两台电机输出轴机械连接，并在其上安装转矩/转速传感器，用来检测电机输出转矩和转速的大小，对拖测试平台组成如图 6.4 所示。测量系统可以由功率分析仪、电流传感器和电压传感器组成，也可以是一台一体化综合测试仪。电气上两台电机的电机控制器共母线电压。输入电功率由功率分析仪、电流传感器和电压传感器（根据实际电压信号范围选用）采集完成。电流传感器和电压传感器分别采集驱动电机系统的输入电流和电压，输出至功率分析仪，经内部运算得到驱动电机系统的输入电功率。输出机械功率是由转矩/转速传感器采集的转矩和转速计算得到。

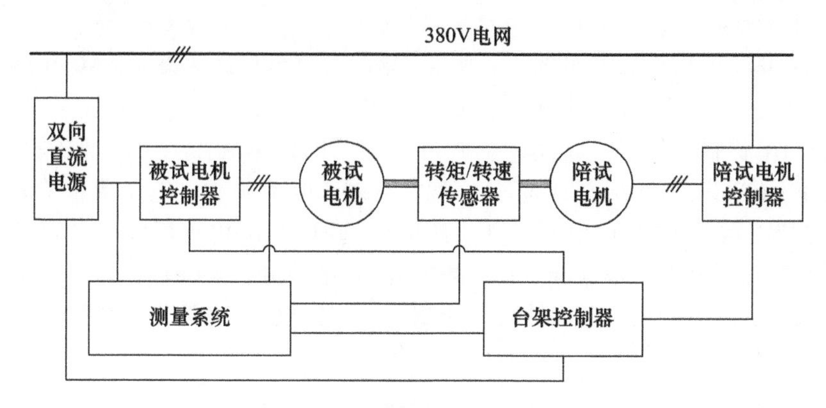

图 6.4　对拖测试平台结构

在电网正常提供电源的情况下，当被试电机做电动运行时，将通过连接装置拖动陪试电机做发电运行，陪试电机发出的电能再经过逆变器反馈回给电网通被测电机使用。这样，在整个试验过程中电能处于一个良性循环，电网只需提供比较小的能量补偿对拖系统的能量损耗，维持能量平衡。对于大功率、需长时间按运行试验的电机测试，对拖法经济、节能。

第三节　基于 EV4000 的驱动电机系统效率测试

一、EV4000 工作原理

1. 工作原理

电动汽车驱动电机系统在测量系统的选择上，需要进行一路直流电压/电流、三路交流电压/电流以及一路转矩/转速信号同步测量。组合式测试系统硬件构成一般包括功率分析仪、4 只电流传感器、4 只电压传感器、电机板卡以及传感器辅助电源。电压/电流传感器先将高电压/大电流信号变换为低电压/小电流信号，再连接到功率分析仪，二次仪表只测量低电压和小电流信号。电动汽车在启动过程时，电压和电流会处于低幅值状态，这种方式下，电流传感器在大量

程下难以保证精度;分析仪传输线路也会引入测量误差,一方面加大了测量误差,另一方面也使测量误差不好预计,用户对整个系统的测量精度掌控难度大。

EV4000 新能源汽车驱动系统综合测试仪是湖南银河电气有限公司专业针对新能源汽车驱动系统的研究开发阶段、生产线阶段、现场测试的一体化综合测试仪,满足各种电压及功率等级的控制器及电机测试需要,兼容目前市面上主流的转矩/转速传感器信号,实现驱动系统直流电参量、交流电参量、机械参量的同步测量与记录。

EV4000 组成示意图如图 6.5 所示。该综合测试仪高度集成,将电压测量单元(4 只电压传感器)、电流测量单元(4 只电流传感器)、传感器调理电路、功率分析仪、电机板卡(转矩/转速测量通道)、辅助电源集成在一个便携式箱体中,所有单元之间的连线均在内部完成,现场连线简化到最少。电压测量单元实现 4 路电压测量,电流测量单元实现 4 路电流的测量,由传感器调理电路实现相位、频率等的处理,功率分析仪实现数据处理、谐波分析、实时波形显示等功能,电机板卡实现电动汽车电机轴功率的测量,传感器辅助电源为电压测量单元以及电流测量单元提供工作电源。

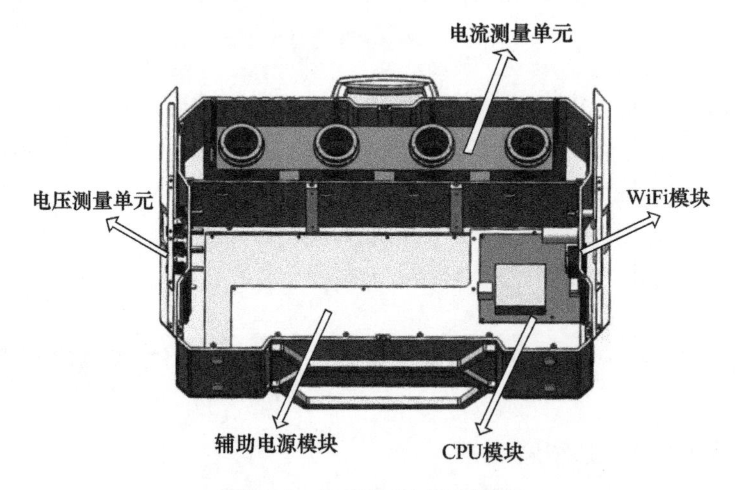

图 6.5　EV4000 组成示意图

EV4000 不同于传统组合式的测量系统,测试结果可以整体溯源,同时采用了虚拟仪器技术,具备快速二次开发和便携的良好特性,适用于电动汽车变频电量综合测试。基于 EV4000 的驱动电机系统测试系统的组成如图 6.6 所示,选择交流电力测功机作为负载,被试品为电动汽车电驱动系统。需要配置前端双向直流电源给被试电驱动系统供电。4 根电流线(1 根直流电流线、3 根交流电流线)分别穿过测试仪上端的 4 个孔,3 根交流电压及 2 根直流电压线连接至 5

个端子，转矩/转速传感器输出电缆连接至转矩/转速（T/N）端口，最后通过 LAN/WiFi/5G 信号至终端即可开始测试及记录。对于临时性的测量，甚至无需连接上位机，直接通过 WiFi 与手机相连，即可实现对测试过程的监测，而整个测试过程的详实数据均保存在测试仪中，事后可进行详尽的分析。

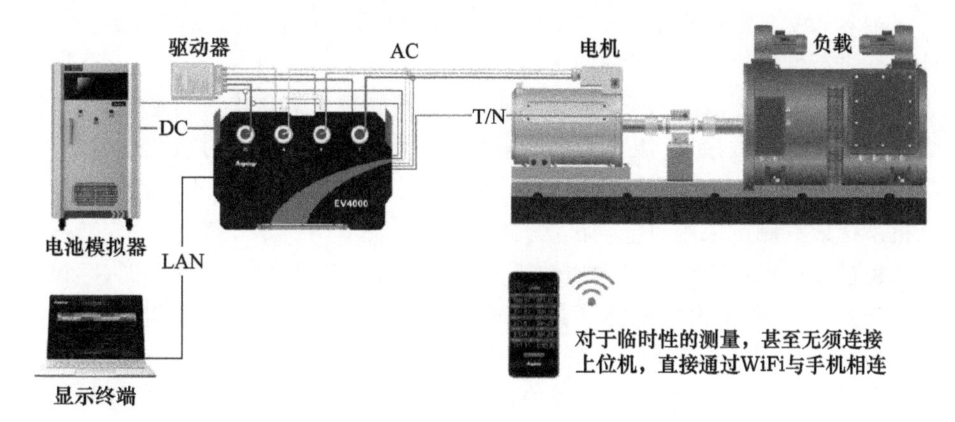

图 6.6　基于 EV4000 的驱动电机系统测试系统框图

2. 技术指标

EV4000 可以实现同时对控制器输入电参量、控制器输出（即电机输入）电参量、电机输出转矩/转速等信号进行同步高速采样，并实时计算控制器效率、电机效率和驱动电机系统效率。技术指标如表 6.1 所列。

表 6.1　EV4000 技术指标

<table>
<tr><th>序号</th><th colspan="2">被测量</th><th>准确限值幅值范围</th><th>准确限值频率范围</th><th>精度</th></tr>
<tr><td>1</td><td colspan="2">直流电压</td><td>5 ~ 1100V</td><td></td><td>0.05% rd</td></tr>
<tr><td>2</td><td colspan="2">直流电流</td><td>1 ~ 1000A</td><td></td><td>0.05% rd</td></tr>
<tr><td>3</td><td colspan="2">交流电压</td><td>5 ~ 1000V</td><td>0.1 ~ 1500Hz</td><td>0.05% rd</td></tr>
<tr><td>4</td><td colspan="2">交流电流</td><td>5 ~ 1000A</td><td>0.1 ~ 1500Hz</td><td>0.05% rd</td></tr>
<tr><td>5</td><td colspan="2">直流功率</td><td>5 ~ 1000V，1 ~ 1000A</td><td></td><td>0.1% rd</td></tr>
<tr><td>6</td><td colspan="2">交流功率</td><td>5 ~ 1000V，5 ~ 1000A</td><td>0.1 ~ 1500Hz</td><td>0.1% rd</td></tr>
<tr><td>7</td><td colspan="2">频率</td><td>—</td><td>0.1 ~ 1500Hz</td><td>0.01% rd</td></tr>
<tr><td rowspan="3">8</td><td rowspan="3">转矩
/
转速</td><td>频率输出型</td><td>—</td><td>0.1Hz ~ 400kHz</td><td>0.02% rd</td></tr>
<tr><td>电压输出型</td><td>±10V</td><td>—</td><td>0.1% rd</td></tr>
<tr><td>电流输出型</td><td>0 ~ 20mA/4 ~ 20mA</td><td>—</td><td>0.1% rd</td></tr>
</table>

由表6.1可以看出,直流电压/电流和交流电压/电流(准确限值频率范围0.1~1500Hz)的精度可达0.05% rd。测试仪精度完全满足国家标准要求[8-9]。

二、效率测试系统组成

本测试受某电动汽车电机生产厂商委托,对新产品某型号永磁同步电机设计定型进行性能测试。

不论是低电压、小电流还是高电压、大电流信号,EV4000均满足宽幅值、宽频率范围系统测试精度,传感器与仪表为一个整体,具有确定的系统精度指标,实验室计量状态与现场实际使用状态完全相同。基于EV4000的电动汽车驱动电机系统效率测试采用对拖测试法,系统组成如图6.7所示。其中转矩/转速传感器将被试电机和陪试电机输出轴机械连接,当被试电机为驱动状态时,陪试电机处于发电状态,发出的电能通过陪试控制器转化为直流。电压、电流接口与T/N接口采用同样的250kHZ采样率进行同步采样,可有效保证电参量数据与机械参量数据采集的同步性。EV4000将同步测量各参数信号,并进行相关计算,最后通过LAN总线将数据传递给台架控制器,实现实时测试数据的采集、存储,完成驱动电机系统的全速范围内的效率测试。

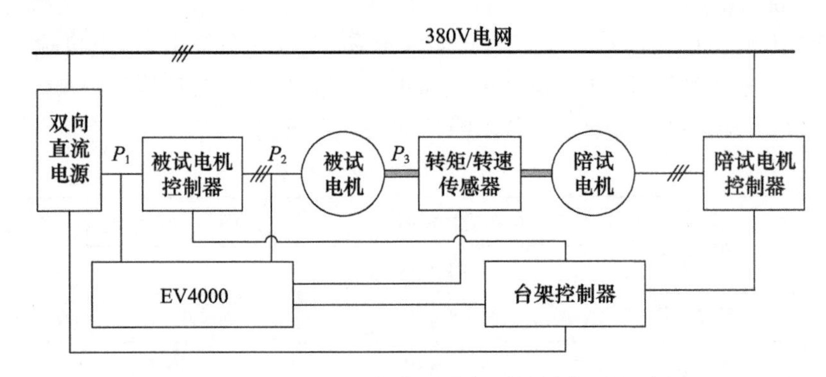

图6.7 基于EV4000的驱动电机系统效率测试平台

现场测试如图6.8所示,软件界面如图6.9所示。

台架试验时,为了得到测试电机及控制器在各个工作点的效率,需要在其工作范围内各点测试采集。通过设定驱动电机系统的直流母线电压控制电机的转速,开始时先设定电机转速500r/min,在此转速上不断加负载,每次加25N·m直到最大转矩250N·m;然后再将转速上升,每次上升500r/min,然后再不断降低负载,每次降低25N·m,按照这样一直到9000r/min。采集稳定的各参数值。从而得到驱动电机系统工作区域内的各个测试点的电机效率、控制器效率和驱动电机系统的效率。

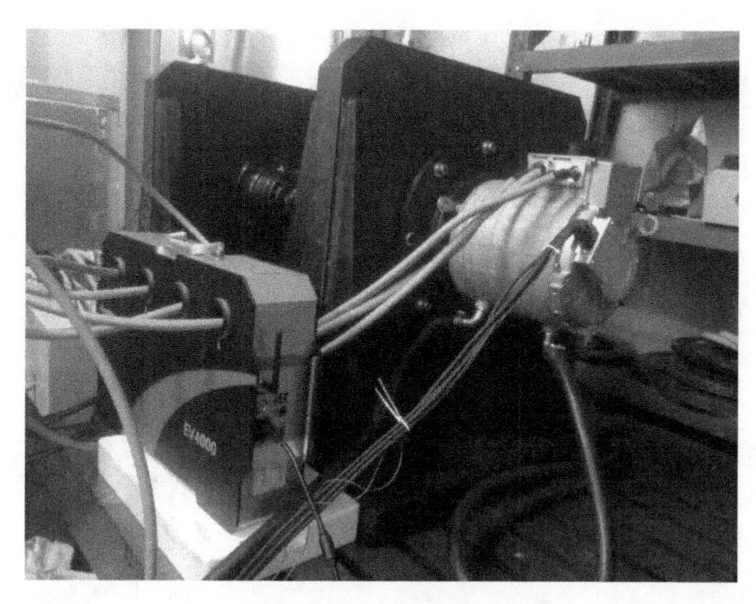

图6.8　现场测试图

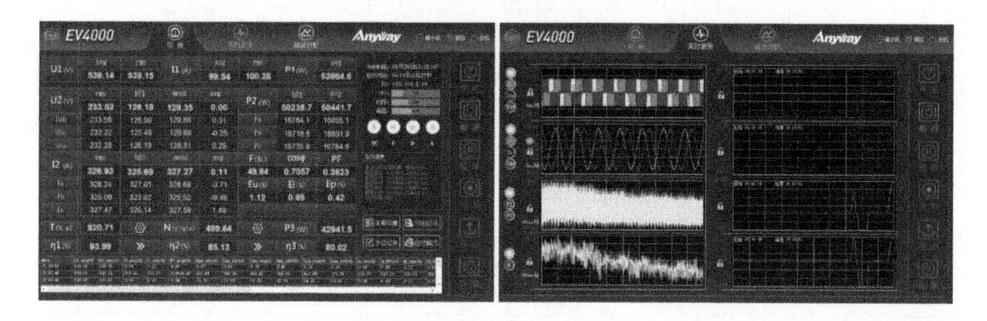

图6.9　软件界面

三、测试结果

通过上述不同转速和转矩下的驱动电机系统性能试验，利用EV4000综合测试仪可以测得电机的转矩/转速、电机的电压电流以及母线侧的电压电流、经过内部计算可以得到被试电机控制器输入电功率 P_1、被试电机的输入电功率 P_2 和被试电机的输出机械功率 P_3。利用式(6.1)~式(6.4)可以计算得到被试电机控制器效率 η_C、被试电机效率 η_M 和驱动电机系统的效率 η。各数据如表6.2所示，进一步对数据进行分析处理，可以得到电机控制器效率MAP图、电机效率MAP图和驱动电机系统的效率MAP图分别如图6.10、图6.11和图6.12所示。

表 6.2 部分测试数据

序号	直流功率 /kW	交流功率 /kW	转速 /(r/min)	转矩 /(N·m)	机械功率 /kW	控制器效率/%	电机效率 /%	系统效率 /%
1	1.66	1.32	496.40	23.97	1.25	79.87	94.09	75.16
2	3.30	2.74	496.66	48.06	2.50	83.12	91.10	75.72
3	4.98	4.20	497.07	71.83	3.74	84.36	89.00	75.07
4	6.68	5.71	497.51	95.04	4.95	85.57	86.67	74.17
5	8.41	7.24	497.19	117.86	6.14	86.11	84.74	72.97
6	10.25	8.80	496.97	140.68	7.32	85.86	83.22	71.46
7	12.18	10.53	497.43	163.87	8.54	86.40	81.09	70.06
8	14.27	12.37	497.70	187.38	9.77	86.63	78.97	68.42
9	16.54	14.37	497.23	211.25	11.00	86.89	76.53	66.50
10	19.57	17.02	498.04	240.15	12.53	86.98	73.59	64.01
11	2.97	2.62	997.12	23.83	2.49	87.93	95.15	83.66
12	5.93	5.34	996.72	47.79	4.99	90.03	93.49	84.17
13	8.88	8.06	996.57	71.38	7.45	90.78	92.39	83.87
14	11.83	10.81	996.94	94.37	9.85	91.41	91.09	83.27
15	14.82	13.62	996.92	117.20	12.24	91.90	89.82	82.54
16	17.90	16.44	996.85	139.95	14.61	91.83	88.89	81.62
17	21.08	19.40	996.80	162.89	17.00	92.06	87.63	80.67
18	24.51	22.58	996.84	186.22	19.44	92.15	86.08	79.32
19	28.09	25.90	996.73	209.89	21.91	92.22	84.58	78.01
20	32.71	30.12	996.67	238.47	24.89	92.08	82.63	76.09
21	4.25	3.91	1496.92	23.74	3.72	91.93	95.15	87.47
22	8.52	7.94	1498.76	47.73	7.49	93.19	94.31	87.89
23	12.77	11.95	1500.00	71.33	11.20	93.53	93.80	87.73
24	16.98	15.99	1500.13	94.43	14.83	94.15	92.80	87.37
25	21.19	20.01	1499.97	117.11	18.40	94.43	91.95	86.83
26	25.48	24.08	1499.61	139.78	21.95	94.51	91.15	86.15
27	29.87	28.22	1496.35	162.62	25.48	94.50	90.29	85.32

（续）

序号	直流功率 /kW	交流功率 /kW	转速 /(r/min)	转矩 /(N·m)	机械功率 /kW	控制器效率/%	电机效率 /%	系统效率 /%
28	34.53	32.63	1497.18	185.83	29.14	94.51	89.28	84.38
29	39.43	37.24	1496.91	209.37	32.82	94.46	88.13	83.24
30	45.71	43.19	1502.41	237.76	37.41	94.49	86.61	81.84
31	5.57	5.19	1998.49	23.63	4.95	93.21	95.21	88.75
32	11.08	10.48	1998.56	47.35	9.91	94.58	94.59	89.46
33	16.57	15.78	1996.42	70.84	14.81	95.24	93.86	89.39
34	22.03	21.06	1997.90	93.86	19.64	95.56	93.27	89.13
35	27.49	26.31	1997.11	116.48	24.36	95.68	92.60	88.60
36	33.04	31.65	1998.18	139.11	29.11	95.81	91.96	88.11
37	38.73	37.12	1996.92	161.93	33.86	95.86	91.22	87.44
38	44.74	42.90	2000.47	185.17	38.79	95.87	90.43	86.70
39	50.93	48.76	1999.90	208.56	43.68	95.74	89.57	85.76
40	58.69	56.16	1998.58	236.81	49.56	95.68	88.25	84.44
41	6.83	6.47	2499.05	23.47	6.14	94.79	94.94	89.99
42	13.64	13.05	2497.47	47.34	12.38	95.70	94.88	90.80
43	20.47	19.69	2506.85	70.89	18.61	96.17	94.52	90.90
44	27.15	26.17	2503.95	93.87	24.61	96.38	94.07	90.67
45	33.71	32.55	2496.56	116.40	30.43	96.55	93.50	90.27
46	40.49	39.13	2496.15	138.96	36.32	96.63	92.84	89.71
47	47.47	45.89	2498.27	161.81	42.33	96.68	92.25	89.19
48	54.68	52.86	2498.13	184.95	48.38	96.66	91.54	88.48
49	62.16	59.99	2497.60	208.29	54.48	96.52	90.81	87.65
50	71.60	69.15	2500.26	236.51	61.93	96.58	89.55	86.49
51	8.59	8.23	3198.21	23.29	7.80	95.75	94.81	90.79
52	17.18	16.59	3201.85	47.15	15.81	96.57	95.33	92.06
53	25.67	24.88	3198.10	70.54	23.63	96.92	94.96	92.03
54	34.08	33.10	3198.67	93.55	31.34	97.13	94.67	91.96

（续）

序号	直流功率/kW	交流功率/kW	转速/(r/min)	转矩/(N·m)	机械功率/kW	控制器效率/%	电机效率/%	系统效率/%
55	42.41	41.24	3197.81	116.17	38.90	97.24	94.33	91.72
56	51.03	49.66	3200.80	138.88	46.55	97.33	93.73	91.23
57	60.07	58.45	3196.27	162.69	54.45	97.31	93.16	90.65
58	69.50	67.60	3195.89	186.45	62.40	97.27	92.31	89.79
59	79.39	77.14	3196.65	210.14	70.34	97.17	91.19	88.61
60	91.99	89.39	3199.15	238.39	79.86	97.18	89.34	86.82
61	9.31	8.95	3497.80	23.09	8.46	96.12	94.53	90.86
62	18.63	18.04	3498.68	46.87	17.17	96.84	95.21	92.20
63	27.88	27.09	3498.84	70.33	25.77	97.18	95.10	92.42
64	36.96	36.00	3496.81	93.30	34.16	97.40	94.90	92.43
65	46.57	45.37	3498.75	117.06	42.89	97.43	94.53	92.10
66	56.45	55.01	3496.51	141.01	51.63	97.45	93.86	91.46
67	66.63	64.90	3496.17	164.81	60.34	97.40	92.97	90.56
68	77.30	75.23	3497.35	188.53	69.05	97.33	91.78	89.33
69	88.52	86.08	3496.76	211.77	77.55	97.25	90.08	87.60
70	10.54	10.17	3999.46	23.10	9.68	96.48	95.15	91.80
71	21.10	20.51	4003.11	46.78	19.61	97.19	95.62	92.94
72	31.67	30.88	3997.56	70.46	29.49	97.51	95.52	93.14
73	42.79	41.76	4001.47	94.85	39.75	97.60	95.18	92.89
74	54.12	52.85	3996.78	119.02	49.82	97.65	94.26	92.05
75	65.78	64.19	3996.72	143.09	59.89	97.58	93.29	91.04
76	77.94	76.01	3996.05	166.68	69.75	97.52	91.76	89.49
77	91.00	88.50	3996.62	189.58	79.34	97.26	89.65	87.19
78	11.73	11.35	4495.95	22.64	10.66	96.75	93.95	90.90
79	23.56	22.97	4496.81	46.70	21.99	97.49	95.76	93.36
80	35.91	35.08	4496.35	71.13	33.49	97.69	95.48	93.27
81	48.64	47.53	4496.76	95.76	45.09	97.73	94.87	92.72

（续）

序号	直流功率 /kW	交流功率 /kW	转速 /(r/min)	转矩 /(N·m)	机械功率 /kW	控制器效率/%	电机效率 /%	系统效率 /%
82	61.71	60.28	4496.81	120.08	56.55	97.69	93.81	91.64
83	75.27	73.50	4498.14	144.00	67.83	97.65	92.28	90.11
84	89.99	87.70	4496.79	167.10	78.69	97.46	89.72	87.45
85	12.95	12.56	4996.08	22.46	11.76	97.02	93.57	90.79
86	26.30	25.66	4996.02	46.85	24.51	97.59	95.52	93.23
87	40.24	39.31	4997.05	71.50	37.42	97.70	95.18	92.99
88	54.62	53.38	4997.97	96.14	50.32	97.73	94.27	92.12
89	69.38	67.80	4995.94	120.52	63.05	97.72	93.00	90.88
90	85.26	83.22	4996.76	143.97	75.34	97.60	90.53	88.36
91	14.26	13.86	5496.05	22.33	12.84	97.20	92.61	90.02
92	29.10	28.36	5495.19	46.95	27.02	97.44	95.27	92.83
93	44.55	43.55	5497.73	71.73	41.30	97.76	94.82	92.70
94	60.55	59.22	5497.80	96.27	55.43	97.82	93.59	91.55
95	77.35	75.59	5497.02	120.45	69.34	97.71	91.73	89.64
96	15.64	15.17	5996.06	22.83	14.32	96.98	94.38	91.53
97	31.90	31.14	5996.38	47.14	29.58	97.62	95.00	92.74
98	48.90	47.80	5996.46	71.71	45.03	97.75	94.22	92.10
99	66.55	65.10	5996.43	96.22	60.43	97.81	92.82	90.79
100	85.94	83.89	5996.46	119.95	75.33	97.61	89.79	87.65
101	17.00	16.46	6496.33	22.68	15.42	96.85	93.66	90.71
102	34.69	33.85	6495.83	47.07	31.99	97.59	94.51	92.24
103	53.25	52.07	6496.26	71.73	48.77	97.78	93.67	91.58
104	72.84	71.22	6496.59	96.18	65.44	97.77	91.88	89.83
105	18.36	17.75	6996.30	22.64	16.58	96.70	93.38	90.30
106	37.51	36.60	6996.55	46.49	34.05	97.56	93.04	90.77
107	57.66	56.36	6996.60	71.61	52.45	97.76	93.06	90.97
108	79.16	77.37	6995.67	95.50	69.95	97.74	90.41	88.37

（续）

序号	直流功率/kW	交流功率/kW	转速/(r/min)	转矩/(N·m)	机械功率/kW	控制器效率/%	电机效率/%	系统效率/%
109	19.61	18.94	7496.23	22.64	17.76	96.59	93.76	90.57
110	40.22	39.22	7497.40	46.51	36.51	97.52	93.08	90.78
111	62.07	60.68	7497.33	71.54	56.16	97.75	92.55	90.48
112	20.95	20.23	7995.42	22.26	18.63	96.55	92.10	88.92
113	43.01	41.96	7995.87	46.37	38.82	97.56	92.51	90.26
114	66.32	64.84	7996.35	70.82	59.30	97.77	91.45	89.41
115	22.26	21.47	8495.80	21.74	19.33	96.47	90.05	86.87
116	45.74	44.60	8496.02	46.11	41.02	97.51	91.97	89.68
117	70.58	69.00	8495.80	70.24	62.49	97.75	90.57	88.53
118	23.42	22.58	8995.65	21.50	20.25	96.41	89.68	86.47
119	48.39	47.20	8995.94	45.96	43.29	97.54	91.72	89.46
120	75.11	73.41	8996.27	70.01	65.95	97.74	89.83	87.80

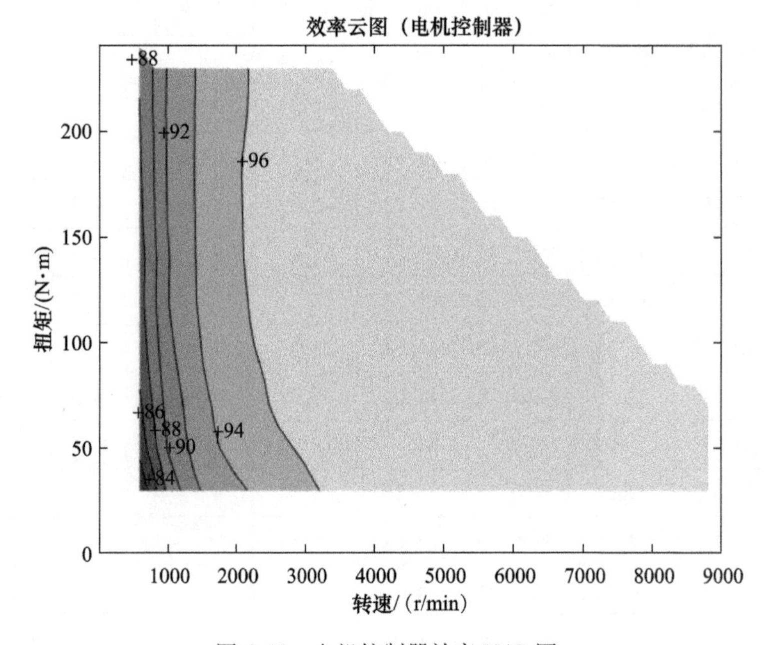

图 6.10　电机控制器效率 MAP 图

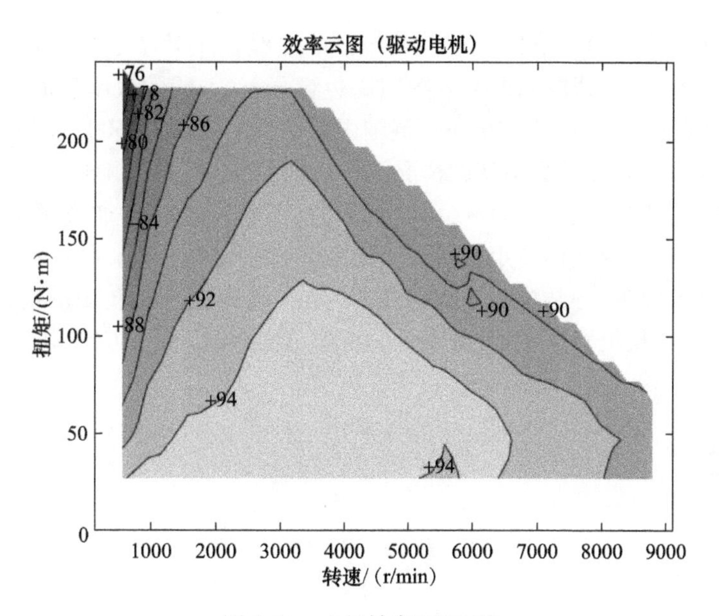

图 6.11　电机效率 MAP 图

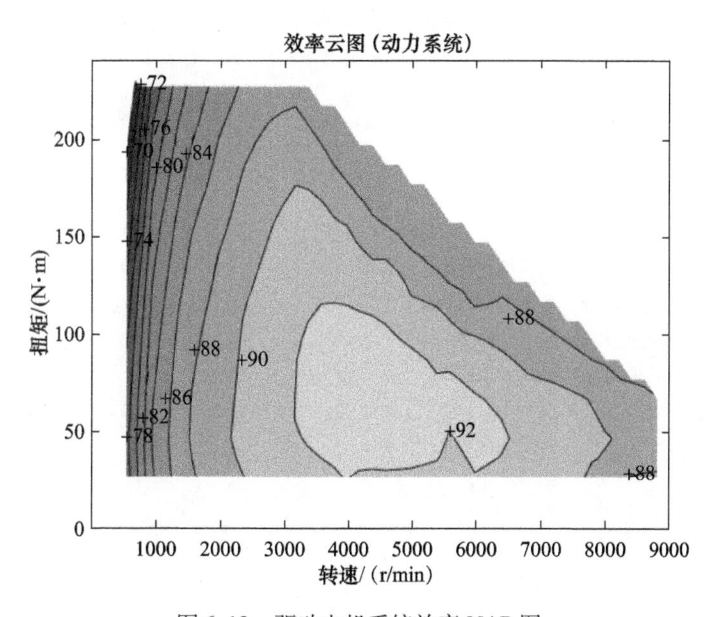

图 6.12　驱动电机系统效率 MAP 图

在图 6.10 ~ 图 6.12 中，对电机、电机控制器和驱动电机系统的效率特性进行分析，可以得出以下结论：①由图 6.12 可知，驱动电机系统最高运行效率可达 92%，在转速及转矩的较大区域内都有较高的效率，高效区利用率达到了 89%。

②由图6.12可知,驱动电机系统高效率值的曲线位于效率云图靠近中间的位置,效率值越低的曲线越向效率云图四周边缘分布,不同的效率值曲线不相交。具体来讲,转速在500~1000r/min范围内效率比较低,在3500~6000r/min范围内效率比较高。在转矩不变的情况下,不断加大转速,开始随着转速增加效率也会增加。在转速达到5500~6500r/min后,随着转速的增加效率又会降低。这是因为,在低转速或低转矩区域由于要保持电机的励磁电流为额定值,而电机有效输出功率较少,导致电机系统效率较低,在高转速及高转矩的电机过载区域,由于要对电机进行弱磁控制,系统效率也急剧降低。可见驱动电机系统的效率分布符合电动汽车车辆道路行驶特性的要求。

参考文献

[1] 宋强,王志福,张承宁. 电动汽车驱动电机系统效率测试方法研究[J]. 微特电机,2006,34(6):4-6.

[2] 黄万友,程勇,李闯. 纯电动汽车驱动电动机系统效率模型的试验[J]. 江苏大学学报(自然科学版),2012,33(3):259-263.

[3] 黄炘,钱国刚. 电动汽车用电机及控制器试验分析[J]. 沈阳师范大学学报(自然科学版),2010,28(2):201-204.

[4] 汤蕴缪. 电机学[M]. 北京:机械工业出版社,2011.

[5] 李怀珍,王传军. 电动汽车电机及控制器性能测试系统[J]. 电机与控制应用,2016,43(3):79-82.

[6] 王文海. 电动汽车用电力测功机系统的设计与研究[J]. 电气时代,2014,(9):62-65.

[7] 梁洪卫,王秀芳,高丙坤. 电力测功机实验系统设计[J]. 价值工程,2012,31(7):9-10.

[8] 全国汽车标准化技术委员会(SAC/TC 114). 电动汽车用 第1部分:技术条件. GB/T 18488.2—2015[S]. 北京:中国标准出版社,2015.

[9] 全国汽车标准化技术委员会(SAC/TC 114)电动汽车用驱动电机系统 第2部分:试验方法 GB/T 18488.2—2015[S]. 北京:中国标准出版社,2015.

第七章　变频电量计量技术

变频电量的计量与大多数计量领域不同,存在多个维度。特别是功率,功率测量结果涉及电压、电流、相位和频率四个维度。同时从硬件测量原理来讲,频率对于电压、电流、相位的测量结果又有着不可忽略的影响,并且处于四个维度不同的位置,每一个影响量对结果的贡献量是不一样的。在不同的科学研究和工程实践应用场景中,对于溯源的需求不一样。以电机试验为例,满载时更关注电压、电流的准确度,此时具有最恶劣的电磁测量环境;而在空载试验时,更关注功率因数(即相位)的测量。在实际测量中,对于宽范围的测量与其他大多数应用场景不一样,同样的对计量的要求也有差异。

本章主要介绍变频电量相关计量技术,首先介绍国内外变频电量计量现状,接着给出变频电量的量值溯源链,然后介绍变频电量测量标准原理,包括标准装置以及变频功率标准源,最后给出变频电量测量仪器计量结果的不确定度评定。

第一节　变频电量计量现状

变频电量具有非正弦波、非低基频、低功率因数、富含谐波等特征,使得准确测量和量值溯源十分困难。随着变频技术的日益复杂化,一些非标准的正弦调制 PWM 波形的出现,使用传统的仪表进行测量经常发生输出电压的整流平均值与基波有效值不相等的情况。目前的交流功率源产品实际输出功率都很小,一般只强调单项指标,即电流或电压输出。而用于校准功率标准表或其他形式的电能计量仪表时,其功率源输出的不是真实的功率,而是利用产生“虚功率”的方法来实现电功率的计量。在某些产品的性能试验或计量过程中需要产生很大的实际交流功率(比如 1000V/1000A,甚至更大),且要求其任意相的电流、电压、相位都能够独立调节[1]。

国内外普遍采用的变频电量计量方法为以美国 FLUKE 6100A/B 为高精度功率标准源、以高精度功率分析仪(如美国 FLUKE Norma5000 和日本横河 WT3000 等)为标准表进行变频和工频电量的计量。但随着大功率变频器/逆变器、新能源发电设备、风力发电机等重型装备制造业的快速发展，以上方式由于源输出能力的限制已远不能满足目前变频电量测试仪器/系统全量程范围内量值溯源的需求。高电压、大电流、大功率变频测试系统无处送检，变频电量计量器具型式评价工作无法开展，变频测试设备质量监督检验无法切实进行。量值溯源系统的缺失不但影响对能源计量器具的法制管理，还严重制约了变频测量传感器及仪器行业的健康发展。

我国近些年在变频计量领域已走到了世界前列。2012 年由湖南省计量检测研究院、湖南银河电气有限公司和国防科学技术大学联合成功研制了高电压、大电流、大功率变频功率标准源（ANYWAY 变频功率标准源），将过去需要分解成几部分进行分别校验的高压、大电流变频功率测试系统，通过向其输出满足计量学特性的高压、大电流信号直接进行系统整体误差的校验，从而得到测试系统的整体误差，这不仅大大简化了计量工作，也使得评定结果更加可靠和准确。2016 年国家正式颁布了两个国家标准 JJF 1559—2016《变频电量分析仪校准规范》和 JJF 1558—2016《测量用变频电量变送器校准规范》[2-3]；2017 年 2 月建立国家变频电量测量仪器计量站，主要承担全国范围内变频电量测量仪器设备量值传递体系建设、量值溯源和性能评价。自此，变频电量检定与校准无实际标准可依、量值溯源无源可依、变频测量器具无处送检的状况得到彻底的解决。

第二节 量值溯源链

计量是解决在不同时空条件下测量结果一致性的手段，具有基础性和先导性。量值溯源与量值传递是实现量值统一的主要途径。量值溯源是通过一条具有规定不确定度的不间断的比较链，使测量结果或测量标准的值能够与规定的参考标准（通常是国家计量基准或国际计量基准）联系起来的特性。变频电量是具备多参数、多维度的电量的统称，需要溯源到多个国家计量标准。高质量完成好各类计量设备的量值溯源，是评价各类试验装备性能、保证科研试验数据质量的重要技术手段。

1. 量值溯源的途径

变频电量量值溯源主要有以下 3 种途径：

（1）直接送至有能力的检定/校准机构进行检定、校准来实现量值溯源，比如外送中国计量科学研究院、国家变频电量测量仪器计量站等。

（2）单位计量机构建立最高标准（参考标准），进行内部检定、校准来实现量值溯源。

（3）当溯源至国家基（标）准不可能或不适用时，应溯源至公认实物标准（标准品、对照品），或通过比对试验、参加能力验证等途径提供证明。比如一些专用测试设备在没有溯源渠道的情况下，可以通过计量比对的形式实现量值溯源，对参数性能提供证明。

2. 量值溯源链

量值溯源是用准确度等级较高的计量标准在规定的不确定度之内对准确度等级较低的计量标准或工作计量器具进行检定或校准，在每一层次的检定或校准都是量值传递中的一个环节，同时也是量值溯源的一个步骤。

变频电量包括电压、电流、相位和功率量值溯源如图 7.1 所示。变频电量的量值溯源起点为各种变频电量测量装置，包括电压传感器或交流电压表、电流传感器或交流电流表、功率分析仪或功率计，测量装置测得的值分别通过上一级测量标准，包括分压器、分流器、功率测量标准、标准功率源与国家交流电压基准装置、交流电流国家基准、交流功率基准装置联系起来，这条不间断的链即为变频电量的量值溯源链。相位是通过时间常数标准对分压器、分流器自身延时相移的校准来实现量值传递。

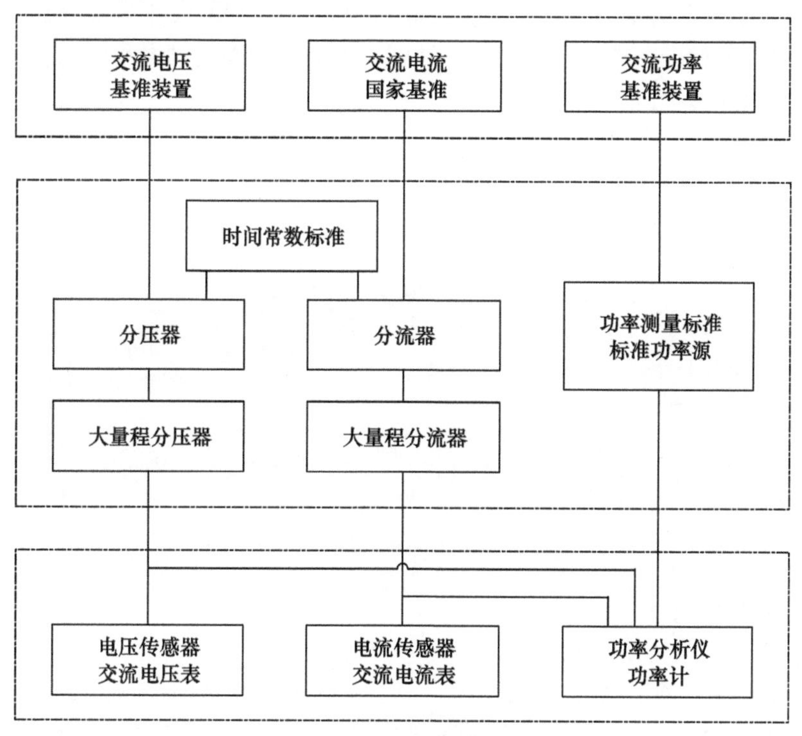

图 7.1　变频电量量值溯源图

第三节　变频电量测量标准

一、变频电量计量标准装置

1. 工作原理

变频电量溯源有标准源法和标准表法。变频电量计量标准装置受计量基准测量范围的限制以及现有科学技术条件的制约,高电压、大电流的标准表难以直接溯源。参照工频溯源技术方案,变频电量溯源常采用标准表法,变频电量计量标准装置由 I/V 变换器、V/V 变换器、变频电量测量系统等三部分组成。工作原理如图 7.2 所示,高电压、大电流信号分别经过 I/V 变换器、V/V 变换器变成低电压信号后送入高速模/数同步采集装置,然后经过总线进入数字信号处理单元进行分析处理,得到被计量量值的相位、幅值和功率值等参数。标准装置的扩展不确定度应小于被校变频电量测量仪器的最大允许误差绝对值的 1/3,且装置的测量范围应覆盖被校变频电量测量仪器的电压、电流、频率范围;标准源或信号源的输出稳定度(3min)应不大于被校变频电量测量仪器最大允许误差绝对值的 1/10;标准源或信号源的调节细度应不大于被校变频电量测量仪器最大允许误差绝对值的 1/10。

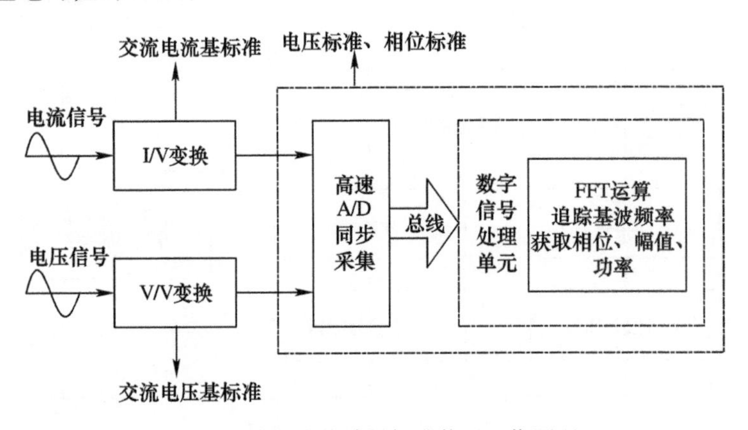

图 7.2　变频电量计量标准装置工作原理

2. I/V 转换器

1) I/V 转换器工作原理

I/V 转换器利用磁调制、负反馈、一次/二次磁通相抵消(安匝数相等)的原理将大电流变换为可供数据采集系统采集的信号,I/V 转换器工作原理如图 7.3 所示。其中电流测量是基于磁调制原理,具体结构由绕着同一磁环上的振荡线

圈 W_c 和反馈线圈 W_s、激励电路和反馈电路组成。由于振荡电路中有电容隔离直流分量，振荡电路中必定没有直流分量，因此当磁环内部的磁场平衡时，穿过磁环中间的被测电流 I_P 与反馈电流 I_S 成比例，从而在原理上保证了此电路没有零点漂移问题。线圈 W_e 和线圈 W_i 组成的检波电路消除二次谐波。同时由于采用数字算法实现反馈电路，保证了反馈电路部分不受模拟器件参数特性漂移的影响，实现了更高精度的稳定性。

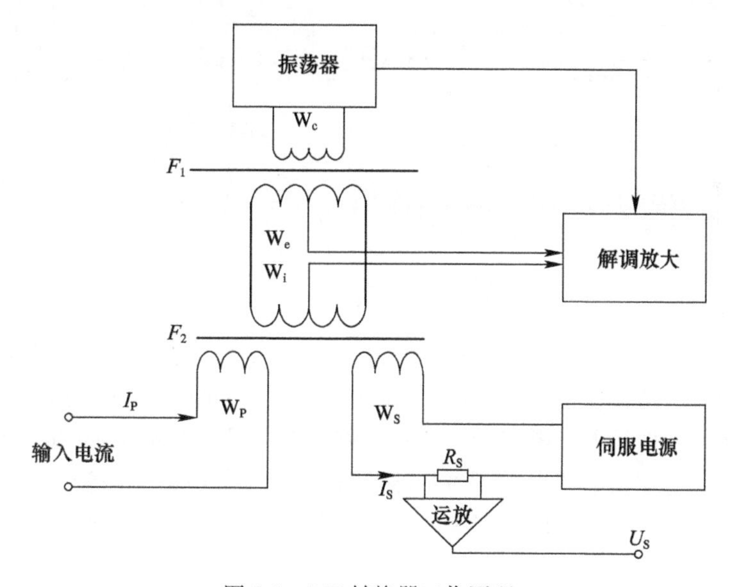

图 7.3　I/V 转换器工作原理

2）*I/V* 转换器的溯源与测试

I/V 转换器的测试采用比较法进行测试。比较法可以降低电流源输出稳定性和准确度带来的不确定度。*I/V* 转换器测试系统工作原理如图 7.4 所示，信号源输出电压信号经跨导放大器之后转换为稳定的电流输出。*I/V* 转换器与同轴分流器串联连接，将回路电流转换为电压供采样系统采样分析。为消除采样系统误差和通道延时相移的影响，以交换通道测量的方式减小采样系统带来的误差。

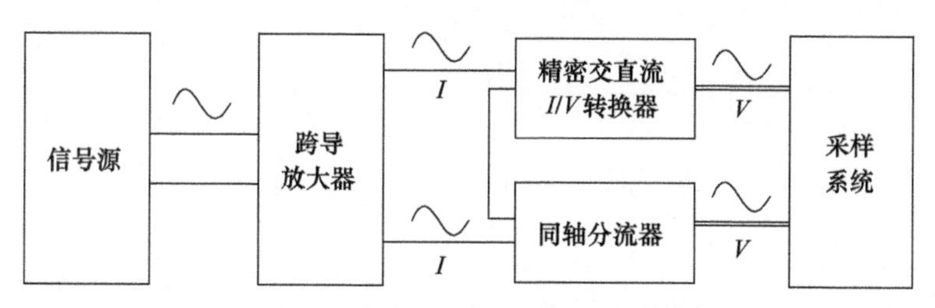

图 7.4　*I/V* 转换器测试系统工作原理

3. V/V 转换器

1) V/V 转换器工作原理

V/V 转换器工作原理如图 7.5 所示,高电压信号经高压输入端子后分压转换成小交流信号,经调理电路后进行交直流转换和输出,转换结果用于量程自动切换控制。

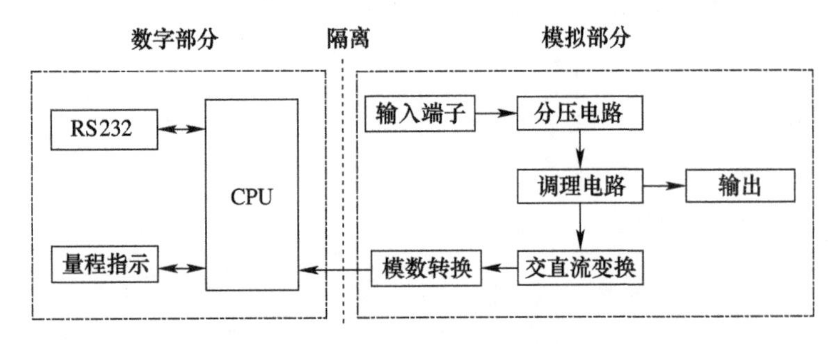

图 7.5 V/V 转换器工作原理

高电压测量关键在于分压器件的选择以及测量结构的选择。磁性元件有良好的电压特性,转换比例稳定性好,但由于磁性材料的阻抗等随着频率变化而变化,相位频率特性较差。电阻元件具有较好频率特性,但存在一定的电压系数,特别用于高电压时,电压系数不可忽略。分压电路采用多只无感电阻串联分压的方式,来降低单只电阻的压降和功耗;采用蛇形走线的方式,消除线路自身电感的影响,其连接方式如图 7.6 所示。

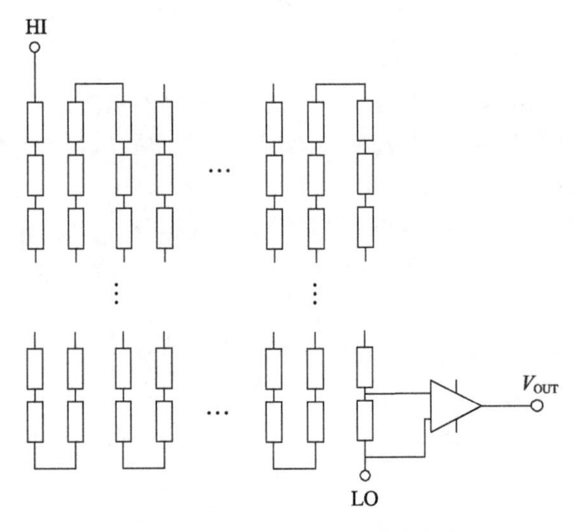

图 7.6 分压电路中电阻连接方式

2）V/V 转换器的溯源与测试

V/V 转换器的测试采用比较法进行测试，可以降低电压源输出负载效应和准确度带来的不确定度，V/V 转换器测试系统工作原理如图 7.7 所示。信号源输出电压信号，V/V 转换器与标准分压器并联连接，将大电压转换为小电压信号供采样系统采样分析。为消除采样系统误差和通道延时相移的影响，以交换通道测量的方式减小采样系统带来的误差。

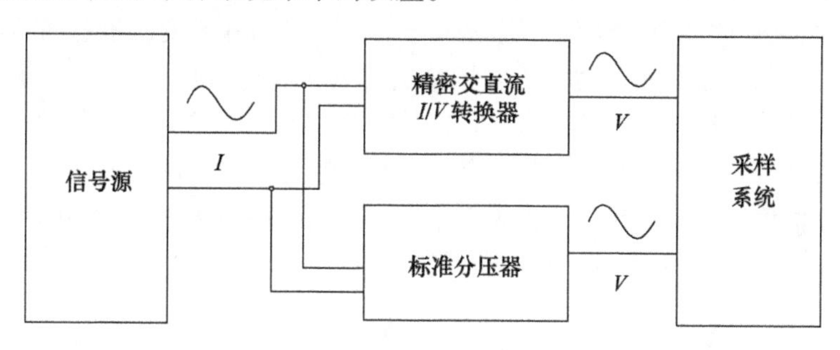

图 7.7　V/V 转换器测试系统工作原理

4. 变频电量测量系统

变频电量测量系统由高精度同步采集 A/D 转换器组成，也可以选用现成的同步采集板卡，选用时考虑分辨率、采样速率、信噪比等，最好具备大容量内存。系统工作原理即将模拟量电压小信号通过 A/D 转换器转换成数字信号，再将数字信号通过通信总线送入主机芯片进行运算测量，如图 7.8 所示。

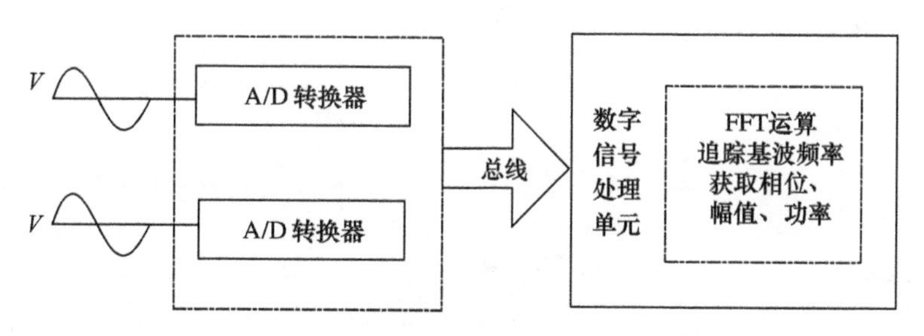

图 7.8　变频电量测试系统结构原理图

二、ANYWAY 变频功率标准源

1. 组成及工作原理

变频功率标准源是变频电量量值溯源（或量值传递）系统的核心构成部分，是一种输出频率可变的电压、电流信号发生装置。该装置可独立调节电压、电流的幅值及两者的相位差。该装置还包括一个可准确测量电压、电流、频率及电压电流合成虚功率的标准表,标准表的示值作为比较参考标准,实现以变频电量为主要测量对象的各种测量装置/系统的量值溯源。作为一种量值溯源用的计量标准器具,其计量学特性须满足相关计量法规的要求。

ANYWAY 变频功率标准源总体上是由一台电压源和一台电流源构成的,图 7.9 为其工作原理示意图。数控板发出电压和电流的控制信号给电压功放和电流功放,电压功放和电流功放分别驱动升压变压器和升流变压器进行升压或升流输出。变频传感器实时地同步采集输出的电压和电流信号,并进行数字化通过光纤发送给 WP4000 变频功率分析仪。变频功率分析仪完成采集数据的分析与整理,将输出电压和电流的频率、幅值、相位等信息快速的传递给数控板。变频功率分析仪还完成人机界面的交互功能,接收使用者的指令并显示测量数据,同时还具有示波器、录波仪和谐波分析的功能。

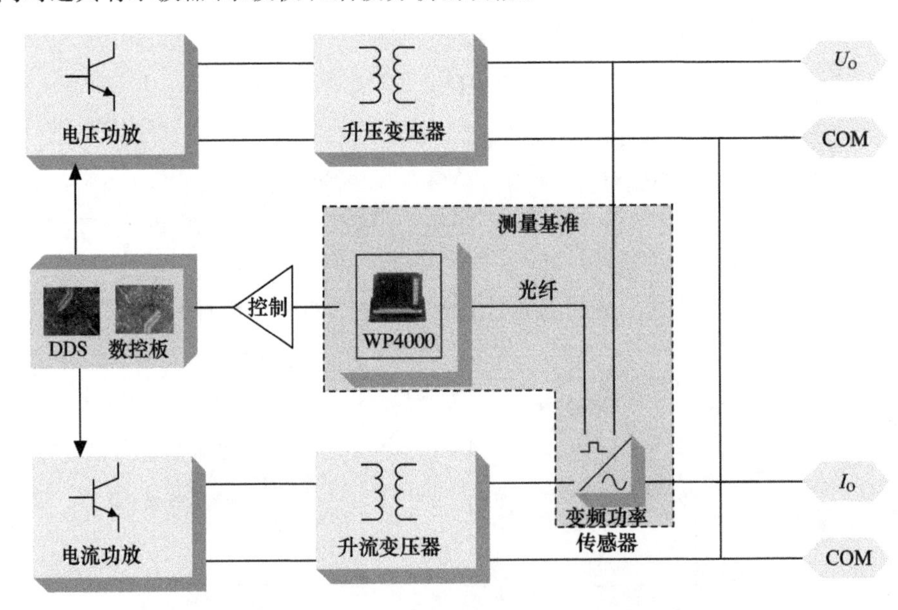

图 7.9　ANYWAY 变频功率标准源工作原理示意图

ANYWAY 变频功率标准源可用于变频电量测量仪器、变频电量变送器及变频电量测试系统的量值溯源,基于 ANYWAY 变频功率标准源的变频电量量值溯源系统如图 7.10 所示。

1)变频电量测量仪器的量值溯源系统

变频电量测量仪器(涵盖工频电量测量仪器)主要指数字电压表、数字电流表、功率计、功率分析仪、电能表、谐波分析仪等。

2）变频电量变送器的量值溯源系统

变频电量变送器（涵盖工频电量变送器）主要指各种电压、电流传感器及变送器，包括数字量输出的变频电量变送器和模拟量输出的变频电量变送器，如 ANYWAY 的 SP 系列变频功率传感器、霍尔电压传感器、霍尔电流传感器、电磁式电压互感器、电磁式电流互感器、电容式电压互感器、分压器、分流器、罗氏线圈等。

3）变频电量测试系统的量值溯源系统

变频电量测试系统（涵盖工频电量测试系统）主要指由变频电量变送器和变频电量测量仪器构成的系统。

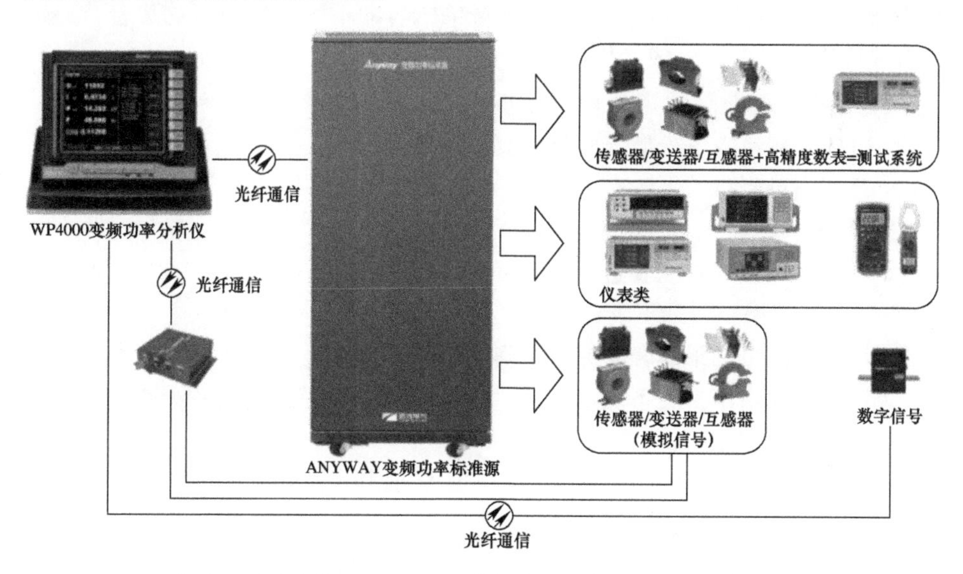

图 7.10　基于 ANYWAY 变频功率标准源的变频电量量值溯源系统

2. 技术指标

ANYWAY 变频功率标准源采用了 DDS 波形发生技术、纯数字闭环控制和大功率模拟功放技术。其技术指标如表 7.1 所列。

表 7.1　ANYWAY 变频功率标准源技术指标

序号	输出量	范围	稳定度	准确度	波形失真度
1	电流	5～1000A	0.02%（1h）	0.05 级	<0.5%
2	电压	100V～10kV	0.02%（1h）	0.05 级	<0.5%
3	相角	0～359.99°	—	0.02°	—
4	功率	500V·A ～10MV·A	—	0.1 级（功率因数>0.8）	—
5	频率	5～400Hz	—	10^{-5}	—

第四节 测量结果的不确定度评定

一、评定过程

完整的测量结果含有两个基本量：一是被测量 Y 的最佳估计值 y；另一个是描述该量值测量结果分散性的量，即测量不确定度。测量结果的不确定度评定是对测量结果的可信度进行量化估计的过程。它实际上是测量过程中来自于测量设备、环境、人员、测量方法以及被测对象所有的不确定度因素的集合。一般以合成标准不确定度 u_c或扩展不确定度 U 的形式给出。

在大多数测量中，评定与表示测量不确定度可归纳为如下步骤[4]：

(1)建立测量数学模型，确定被测量 Y 与输入量 $X_1, X_2, \cdots, X_N$的关系；

(2)列出对测量结果影响显著的因素，并且分析各因素对测量结果的贡献形式和来源；

(3)通过试验或者经验进行不确定度分量评定标注，将各影响量对输出的贡献进行量化，得到标准不确定度 u_i；

(4)计算测量结果的合成标准不确定度 u_c；

(5)若需要给出扩展不确定度，则将合成标准不确定度 u_c乘以包含因子 k，得扩展不确定度 U；

(6)给出不确定度的最后报告，以规定的方式报告被测量 Y 的估计值 y 及合成标准不确定度 u_c或扩展不确定度 U。

二、评定结果

某功率分析仪的标称准确度为 0.2%，测量在 1000V，5A，20Hz，功率因数 1.0 下进行。采用标准表法下对某功率分析仪进行校准，并对功率测量结果的不确定度进行评定。

校准过程依据 JJF 1559—2016 进行。ANYWAY 变频功率标准源AT102101 - W 作为功率信号源，标准表系统由数据采集系统以及分流器、I/V 变换器组成，即校准中所用参考标准。功率信号源输出校准点对应的交流信号，待被校功率分析仪示值稳定后，读取标准表系统的示值 P_S，以及被校功率分析仪的功率示值 P_X。

1)数学模型

被校功率分析仪的功率测量结果可表示为

$$P_X = P_S + \Delta_P \tag{7.1}$$

考虑到待测分析仪分辨力的影响、引线分布参数以及参考标准的不确定度对测量结果的影响，式(7.1)可写成

$$P_X = P_S + \Delta_P + \delta P_W + \delta P_{iX} \tag{7.2}$$

式中：Δ_P为功率测量示值误差；δP_W为测量线路、电磁场、供电电源等对测量结果的影响；δP_{iX}为分析仪分辨力对测量结果的影响。

2）不确定度分量

（1）参考标准引入的，P_S。

已知标准表系统的不确定度为 ±0.016%（1000V，5A，20Hz，功率因数 1.0），则最大允许误差为 0.0008kW，为均匀分布，包含因子 $k=\sqrt{3}$，则标准表系统引入的标准不确定度分量为

$$u_1 = u(P_S) = \frac{0.0008}{\sqrt{3}} = 0.00046\text{kW}$$

（2）示值误差的测量不重复性，Δ_P。

采用 A 类方法进行评定。取该功率分析仪对功率进行测量，重复进行 10 次连续测量，获得一组测量值的示值误差为：0.002kW、0.003kW、0.003kW、0.002kW、0.003kW、0.002kW、0.003kW、0.003kW、0.002kW、0.003kW。

单次实验标准差为

$$s = \sqrt{\sum_{i=1}^{10} (X_i - \bar{X})^2/(10-1)} = 0.0005\text{kW}$$

则测量不重复性引入的不确定分量为

$$u_2 = u(\Delta_P) = 0.0005\text{kW}$$

（3）被校功率分析仪分辨力带来的影响，δP_{iX}。

采用 B 类方法进行评定，被校功率分析仪在 5kW 时的分辨力为 0.001kW，因此每个读数值可能包含的误差在 ±0.0005kW 范围内，可以认为在该范围内满足矩形分布，引入的标准不确定度分量为

$$u_3 = u(\delta P_{iX}) = \frac{0.0005\text{kW}}{\sqrt{3}} = 0.00029\text{kW}$$

（4）测量线路等因素对功率测量的影响，δP_W。

测量线路及其他因素的影响估计在(0 ±0.0002)kW 以内，假定其为矩形分布，于是其标准不确定度分量为

$$u_4 = u(\delta P_W) = \frac{0.0002\text{kW}}{\sqrt{3}} = 0.00012\text{kW}$$

3）不确定度分量概算

各个不确定度分量汇总如表 7.2 所示。

表 7.2 不确定度分量汇总表

量 X_i	估计值 x_i/kW	标准不确定度 $u(x_i)$/kW	概率分布	灵敏系数	不确定度分量 u_i/kW
P_S	5	0.00046	正态	1	0.00046
Δ_P	0.003	0.0005	正态	1	0.0005
δP_{iX}	0	0.00029	矩形	1	0.00029
δP_W	0	0.00012	矩形	1	0.00012
P_X	5.003	—	—	—	0.00075

4）合成标准不确定度

由于各个不确定度分量相互独立，它们之间的相关系数为0，因此合成标准不确定度为

$$u_c(P_X) = \sqrt{u_1^2 + u_2^2 + u_3^2 + u_4^2} = 0.00075\text{kW}$$

5）扩展不确定度

测量结果的分布可以认为是正态分布，取 $k=2$，故扩展不确定度为

$$U = u_c(P_X) \times k = 2 \times 0.00075\text{kW} = 0.0015\text{kW}$$

6）测量结果报告

被校功率分析仪在1000V，5A，20Hz，功率因数1.0下的功率测量结果为5.003kW，其扩展不确定度 $U=0.0015$kW，$k=2$。

参考文献

[1] 钱岑，徐伟专，吴永辉．一种变频功率标准源的研制[J]．宇航计测技术，2014，34(5)10－14.

[2] 全国电磁计量技术委员会．JJF 1559—2016[S]．变频电量分析仪校准规范：北京：中国质检出版社，2016：6.

[3] 全国电磁计量技术委员会．JJF 1558—2016[S]．测量用变频电量变送器校准规范：北京：中国质检出版社，2016：6.

[4] 全国法制计量管理计量技术委员会．JJF 1059.1—2012[S]．测量不确定度评定与表示：北京：中国质检出版社，2013：2.